Verkehr(t)

Oliver Schwedes
Verkehr(t)
Der mobile Mensch am Limit

Titelbild: Rows of Cars in a Traffic Jam
© Adobe Stock

Oliver Schwedes
Berlin, Deutschland

ISBN 978-3-658-28369-8   ISBN 978-3-658-28370-4 (eBook)
https://doi.org/10.1007/978-3-658-28370-4

Die Deutsche Nationalbibliothek verzeichnet diese Publikation in der Deutschen Nationalbibliografie; detaillierte bibliografische Daten sind im Internet über https://portal.dnb.de abrufbar.

© Der/die Herausgeber bzw. der/die Autor(en), exklusiv lizenziert an Springer Fachmedien Wiesbaden GmbH, ein Teil von Springer Nature 2024

Das Werk einschließlich aller seiner Teile ist urheberrechtlich geschützt. Jede Verwertung, die nicht ausdrücklich vom Urheberrechtsgesetz zugelassen ist, bedarf der vorherigen Zustimmung des Verlags. Das gilt insbesondere für Vervielfältigungen, Bearbeitungen, Übersetzungen, Mikroverfilmungen und die Einspeicherung und Verarbeitung in elektronischen Systemen.
Die Wiedergabe von allgemein beschreibenden Bezeichnungen, Marken, Unternehmensnamen etc. in diesem Werk bedeutet nicht, dass diese frei durch jedermann benutzt werden dürfen. Die Berechtigung zur Benutzung unterliegt, auch ohne gesonderten Hinweis hierzu, den Regeln des Markenrechts. Die Rechte des jeweiligen Zeicheninhabers sind zu beachten.
Der Verlag, die Autoren und die Herausgeber gehen davon aus, dass die Angaben und Informationen in diesem Werk zum Zeitpunkt der Veröffentlichung vollständig und korrekt sind. Weder der Verlag noch die Autoren oder die Herausgeber übernehmen, ausdrücklich oder implizit, Gewähr für den Inhalt des Werkes, etwaige Fehler oder Äußerungen. Der Verlag bleibt im Hinblick auf geografische Zuordnungen und Gebietsbezeichnungen in veröffentlichten Karten und Institutionsadressen neutral.

Planung/Lektorat: Jan Treibel
Springer ist ein Imprint der eingetragenen Gesellschaft Springer Fachmedien Wiesbaden GmbH und ist ein Teil von Springer Nature.
Die Anschrift der Gesellschaft ist: Abraham-Lincoln-Str. 46, 65189 Wiesbaden, Germany

Wenn Sie dieses Produkt entsorgen, geben Sie das Papier bitte zum Recycling.

Inhaltsverzeichnis

1 **Verkehr und Gesellschaft: Metamorphosen** 1
 1.1 Der Mensch im Paradies:
  Die Wildbeutergesellschaft 3
 1.2 Der Sündenfall: Die Agrargesellschaft 13
  1.2.1 Antike (800 v. u. Z. bis
   600 n. u. Z.) 18
  1.2.2 Mittelalter (600 bis 1500) 22
  1.2.3 Die Neuzeit (1500 bis 1800) 26
 1.3 Hybris: Die Industriegesellschaft 32

2 **Die Übergangsgesellschaft** 49
 2.1 Entwicklungstrends moderner
  kapitalistischer Gesellschaften 53
  2.1.1 ‚Geteiltes Leid ist halbes Leid':
   Differenzierung 54
  2.1.2 ‚Der Einzige und sein Eigenheim':
   Individualisierung 65
  2.1.3 ‚Die Welt als Dorf':
   Globalisierung 75

	2.2	Zukunftsperspektiven	83
		2.2.1 Die Zukunft ist politisch	86
		2.2.2 Auf dem Weg zu einer nachhaltigen Mobilitätskultur	99
		2.2.3 Migration ist die Lösung	114
3	**Fazit**		**125**
Literatur			**133**

Einleitung

Alles fließt, ist in Bewegung geraten, verändert sich, verschwindet und wird durch Neues ersetzt. Alte Gewissheiten werden in Frage gestellt, wobei die Koordinaten von Gut und Böse, Richtig und Falsch zunehmend verschwimmen. Vor dreißig Jahren erschien das den meisten Beobachter:innen noch ganz anders, am Ende des Kalten Krieges, der Erstarrung der weltweiten Verhältnisse in der Blockkonfrontation zwischen dem ‚Reich des Guten' und dem ‚Reich des Bösen'. Der Westen hatte über den Osten triumphiert, die Demokratie über den autoritären Staatssozialismus, die freie Marktwirtschaft über die staatliche Planwirtschaft. Das ‚Gute' hatte über das ‚Böse' gesiegt, die Verhältnisse hatten sich scheinbar geklärt, und indem sich die beste aller denkbaren Welten durchgesetzt hatte, schien die Geschichte an ihr Ende gekommen (Fukuyama 1992).

Heute könnte man den Eindruck gewinnen, als habe der Kalte Krieg die Geschichte seinerzeit nur eingefroren: die weltweite Ost-West-Konfrontation als Ausnahmezustand, als Interregnum, wie die Historiker sagen, eine Zwischenherrschaft. So betrachtet, ist die Geschichte nicht zu Ende, im Gegenteil, sie hat sich nach dem Tauwetter aus der Erstarrung befreit und eine neue globale Entwicklungsdynamik erzeugt. Anders als seinerzeit erhofft, sind die Verhältnisse heute nicht klarer, geschweige denn einfacher geworden, vielmehr ist mit der Auflösung der Zwischenherrschaft ein globales Machtvakuum entstanden. Die alten Mächte sind noch da, neue sind hinzugekommen und alle suchen sie ihre Rolle in einer noch nicht erkennbaren neuen Weltordnung (Ther 2019).

Diese konfliktreiche Gemengelage erschwert eine gemeinsame Bearbeitung der sozialen, ökologischen und ökonomischen Herausforderungen, die gleichsam quer zu den ungeklärten globalen Machtfragen liegen. Dazu zählen die weltweit wachsende soziale Ungleichheit, der Klimawandel und die daraus resultierenden Migrationsbewegungen, die Gefährdung der natürlichen Lebensgrundlagen durch das weltweite Artensterben in bisher ungekanntem Ausmaß sowie die notwendige Neuordnung des globalen Finanzsystems, nachdem 2009 die Finanz- und Weltwirtschaftskrise fast einen Zusammenbruch der Weltmärkte verursacht hätte (Oxfam 2020; UN Environment 2019; Tooze 2019).

Der Verkehr berührt all die oben genannten Themenfelder auf ambivalente Weise. Er kann gesellschaftliche Teilhabe gewährleisten oder sein Fehlen verhindert sie, er kann zur Eindämmung des Klimawandels beitragen oder ihn verschärfen, er kann Menschen die Flucht ermöglichen oder dazu genutzt werden, sie im Elend gefangen zu halten, er schont die natürlichen Ökosysteme oder zerstört sie, schließlich bildet der Verkehr mit seinen weltweiten Logistikketten die zentrale Voraussetzung für weltweites Wirtschaftswachstum und unterstützt damit eine nicht nachhaltige globale Wirtschaftsweise. Der Verkehr ist ein für den sozialen Zusammenhalt einer Gesellschaft konstitutives Element. Das wird immer dort besonders sichtbar, wo er nur schlecht funktioniert und dadurch seine gesellschaftlichen Funktionen immer weniger erfüllt (Urry 2000).

Der Verkehr kann daher nur angemessen verstanden werden als gesellschaftliches Phänomen. Er lässt sich nicht auf ein technisches Artefakt reduzieren, sei es die Kutsche, das Fahrrad, das Schiff, die Eisenbahn, das Auto oder das Flugzeug. Jedes Verkehrsmittel erhält seine soziale Bedeutung erst in den historisch-spezifischen gesellschaftlichen Verhältnissen, durch die es geprägt wird. Das wird in diesem Buch in zwei Schritten ausgeführt: In einem historischen Rückblick in die Menschheitsgeschichte, der den ständigen, oftmals tiefgreifenden Wandel des Verhältnisses von Verkehr und Gesellschaft aufzeigt. Wenn heute die gesellschaftliche Transformation von der fossilen zu einer post-fossilen Mobilitätskultur gefordert wird, macht es Mut zu sehen, dass sich die Menschen in der Vergangenheit schon mit vergleichbar tiefgreifenden Herausforderungen konfrontiert sahen und sie erfolgreich bewältigt haben.

Daraufhin arbeitet eine Analyse des aktuellen Wirkgefüges von Verkehr und Gesellschaft heraus, wie sehr der Verkehr mit unserem alltäglichen Leben verwoben und wie stark unser Lebensstil vom aktuellen Verkehrssystem abhängig ist. Hier wird deutlich, dass der fundamentale Wandel von einer fossilen zu einer post-fossilen Mobilitätskultur nicht allein ein technisches Problem darstellt, das mit einer anderen Antriebstechnologie gelöst werden kann. Vielmehr erfordert der Wandel zu einer nachhaltigen Verkehrsentwicklung neben technologischen Innovationen auch eine grundlegende Veränderung unseres Zusammenlebens.

1

Verkehr und Gesellschaft: Metamorphosen

Als die große gesellschaftliche Herausforderung gilt heute die Energiewende, der Wechsel von fossilen Energieträgern zu erneuerbaren Energien (Radtke und Canzler 2020). Begründet wird die Energiewende zumeist mit dem Klimawandel, der auf die Verbrennung fossiler Energieträger wie Kohle und Öl zurückzuführen ist. Leider ist das zweite Argument für eine Energiewende etwas in den Hintergrund geraten. Es verweist schlicht darauf, dass die über Jahrmillionen entstandenen fossilen Energieträger eine endliche Quelle bilden und zweifellos irgendwann zur Neige gehen werden.

Diese Einsicht ist für den aktuell fast vollständig vom Erdöl abhängigen Verkehrssektor von besonderer Bedeutung – keine Energiewende ohne Verkehrswende (siehe Abschn. 2.2.1). Zumal heute noch nicht absehbar ist, wie wir unsere Mobilität zukünftig auf Basis erneuerbarer Energien organisieren können. Da die Menschen zuvor

Jahrtausende lang ohne die exzessive Nutzung fossiler Energieträger gelebt haben, könnte der historische Rückblick auf das wechselseitige Abhängigkeitsverhältnis von Verkehr und Gesellschaft erste Hinweise für die in Zukunft notwendige gesellschaftliche Transformation geben. Aufgrund der großen Bedeutung der Energie für den Verkehrssektor orientiere ich mich an dem konzeptionellen Vorgehen des Historikers Rolf Peter Sieferle (1997), der bei seiner Geschichte des Menschen ein besonderes Augenmerk auf das Energiesystem legte (auch Morris 2020). Ein weiterer Schwerpunkt von Sieferle ist die kulturelle Organisation in Verbindung mit dem jeweils dominierenden Energiesystem. Sein dritter Untersuchungsschwerpunkt schließlich ist die sich verändernde Landschaft, in der sich die historisch-spezifischen Wirkgefüge von Verkehr und Gesellschaft ausdrückt (auch Schlögel 2011).

Die historische Untersuchung wird in drei Phasen gegliedert, die sich traditionell an der jeweils dominierenden Wirtschaftsweise orientieren. Am Anfang stehen demnach die naturverbundenen Gesellschaften der Jäger und Sammler, gefolgt von den auf landwirtschaftlicher Produktion basierenden Agrargesellschaften bis zu den modernen Industriegesellschaften. Dabei zeigt sich, dass es in jeder der drei Phasen unterschiedliche Ausprägungen im Verhältnis von Verkehr und Gesellschaft gab. Weder das Energiesystem oder die kulturelle Organisation noch die Wirtschaftsweise haben das Wirkgefüge von Verkehr und Gesellschaft einseitig bestimmt. Zwar geben die historisch-spezifischen Voraussetzungen die Probleme vor, mit denen sich die Menschen konfrontiert sehen, nicht aber deren Lösung (Gellner 1993: 19).

Das gibt einen ersten wichtigen Hinweis für die aktuelle gesellschaftliche Transformation von einer fossilen zu einer post-fossilen Mobilitätskultur, die das Thema des letzten Kapitels sein wird. Sie kann verschiedene Gestalten annehmen und lässt sich nicht allein aus ökonomischen Entwicklungen, kulturellen Phänomenen oder technologischen Innovationen ableiten. Wie sich das Verhältnis von Verkehr und Gesellschaft in einer post-fossilen Mobilitätskultur in Zukunft gestalten wird, entscheiden die Menschen selbst, wie schon in der Vergangenheit. Auch diese Lösung wird ein „historisches Fundstück" (Lipietz 1985) sein, und niemand kann uns die Suche danach abnehmen. Der historische Rückblick liefert daher keine Lösungen; indem er die historischen Möglichkeitsräume aufzeigt, kann er jedoch Mut machen, das Schicksal in die eigenen Hände zu nehmen.

1.1 Der Mensch im Paradies: Die Wildbeutergesellschaft

Infolge der Auflösung der Blockkonfrontation hat sich erstmals in der Menschheitsgeschichte ein einheitlicher kapitalistischer Weltmarkt etabliert, der nicht mehr durch bilaterale Beziehungen dominiert, sondern durch eine allseitige ökonomische Verflechtung gekennzeichnet ist. Seitdem sprechen wir von globalen Verhältnissen, in denen sich die Menschen wie moderne Nomaden bewegen (Schlögel 2006).

Aber was wollen wir mit dieser Analogie zum Ausdruck bringen und hilft sie uns zum besseren Verständnis der weltweiten Situation und vor allem bei der Bewältigung der skizzierten Herausforderungen? Oder handelt es sich nur um einen hilflosen Vergleich, eine inhaltsleere Krücke, die gerade das Unverständnis über die Rolle des Menschen in den neuen globalen Verhältnissen zum Ausdruck bringt?

Die Metapher der modernen Nomaden spielt auf die Anfänge der Menschheitsgeschichte an, als unsere Vorfahren vor etwa zehn Millionen Jahren von den Bäumen herabstiegen und den aufrechten Gang erlernten. Es gibt viele Theorien, die zu begründen versuchen, warum die Primaten dazu übergingen, aufrecht auf zwei Beinen zu gehen, und die damit verbundenen vielfältigen anatomischen Probleme in Kauf nahmen (Roberts 2012). Weitgehende Einigkeit besteht darin, dass es sich dabei um einen viele Jahrhunderttausende oder gar Jahrmillionen dauernden Prozess handelte. Aufgrund klimatischer Veränderungen wurde die zuvor geschlossene Bewaldung immer mehr von Steppenlandschaften verdrängt, in denen sich der aufrechte Gang zunehmend als Vorteil erwies. Denkbar ist eine Zwischenphase, in der die Menschenaffen sich nur zeitweise bei der Jagd in flachem Wasser auf zwei Beinen bewegten, weil dabei das Körpergewicht deutlich gesenkt wurde (Niemitz 2004).

Während die Übergangsphase von den Menschenaffen zu den ersten Hominiden, die sich auf zwei Beinen bewegten, noch weitgehend im Dunkeln liegt, weil es kaum archäologische Funde aus dieser Zeit gibt, sind die Zeugnisse unserer direkten Vorfahren hingegen gut dokumentiert. Demnach trennte sich die menschliche Evolutionslinie der Hominiden, deren nächstlebende Verwandte die Schimpansen sind, vor rund sieben Millionen Jahren von der gemeinsamen Linie der Menschenaffen. Aus den Schimpansen entstand vor zwei Millionen Jahren die Evolutionslinie Homo, mit unserem direkten Vorläufer Homo erectus, der als erster den aufrechten Gang für weite Wanderungen nutzte, um ausgehend vom Afrikanischen Kontinent die Welt zu erkunden. Aber während der Homo erectus noch weitgehend im Einklang mit der Natur stand und womöglich deshalb wieder verschwand, tauchte vor

1 Verkehr und Gesellschaft: Metamorphosen

Abb. 1.1 Jäger und Sammler. (© United Archives/91070/picture alliance)

etwa 300.000 Jahren schließlich der Homo sapiens auf und machte sich die Welt untertan (Abb. 1.1).

Von da an beginnen vom Afrikanischen Kontinent aus die großen Wanderungsbewegungen mit mehreren Besiedlungswellen, wobei die letzte und erfolgreichste sich schließlich vor 65.000 Jahren nahezu über die gesamte Erde erstreckte. Bis unsere Vorfahren vor gut 12.000 Jahren sesshaft wurden, waren sie somit die allermeiste Zeit unterwegs. Die Wanderlust, so der Evolutionsbiologe Matthias Glaubrecht (2019: 156), stecke tief im genetischen Erbe des modernen Menschen. Insofern ist es nicht überraschend, dass sich der Mensch bei genauer Betrachtung auch die letzten zehntausend Jahre immer wieder auf den Weg gemacht hat. Allein mit Blick auf die letzten eintausend Jahre sind hier die großen Völkerwanderungen zu nennen, gefolgt vor fünfhundert Jahren von der gewaltsamen europäischen Expansion in alle Erdteile bis hin zu den weltweiten Migrationsbewegungen der letzten zweihundert Jahre, die neben Flucht und Vertreibung vor allem ökonomisch motiviert waren (Meier 2019; Reinhard 2016; Oltmer 2016).

Vor diesem Hintergrund erscheinen die modernen Nomaden nicht so außergewöhnlich, wie es der Rückgriff auf die Vorgeschichte der Menschheit suggeriert, waren unsere Vorfahren doch fast über die gesamte Menschheitsgeschichte Nomaden, bevor sie sesshaft wurden, und auch dann waren sie ständig in Bewegung. Der Eindruck des Besonderen stellt sich auch in diesem Fall wieder angesichts der zwei Generationen umfassenden weltweiten Blockkonfrontation ein, die sich im Vergleich zur aktuellen Situation tatsächlich weniger dynamisch darstellt. So betrachtet ist es nicht besonders, dass sich auch der moderne Mensch über den gesamten Erdball bewegt, speziell sind aber womöglich die Motive, sich auf den Weg zu machen.

Heute gehen wir selbstverständlich davon aus, dass jeder unserer Handlungen eine eigenständige Entscheidung zugrunde liegt: Welchen Weg ich wähle, welches Verkehrsmittel ich nutze, wo ich einkaufe, ob und wohin ich in den Urlaub fahre, kurz, wie und wohin ich mich bewege, sind vermeintlich freie Wahlhandlungen. Deshalb gaben wir uns den Namen Homo sapiens, der kluge Mensch. Dass dies keinesfalls so klar ist, werden wir später noch sehen. Definitiv anders hat es sich für unsere Vorfahren dargestellt. Der Wechsel vom Leben auf den Bäumen zum aufrechten Gang am Boden, konnte von ihnen schon deshalb nicht selbstbewusst entschieden werden, weil sich das Gehirn erst später entwickelte (Glaubrecht 2019: 128 ff.). Im Gegensatz zu der weitverbreiteten Auffassung, am Anfang der Menschheitsentwicklung hätten die besonderen kognitiven Fähigkeiten des Menschen gestanden, der daraufhin auf die aus heutiger Sicht geniale Idee gekommen sei, sich auf zwei Beinen durch die Welt zu bewegen, hat sich das Gehirn erst weiterentwickelt, als es sich schon auf zwei Beinen bewegte. Auch wenn die genauen Umstände bis heute nicht geklärt sind, die zum aufrechten Gang geführt haben, waren es doch Umwelteinflüsse und keine bewusste Entscheidung, die unsere Vorfahren dazu gezwungen haben, sich einen neuen Lebensraum als Jäger und Sammler in der Steppe zu suchen. Denn unsere unter kognitiven Gesichtspunkten ‚primitiven' Vorfahren lebten in einer immanenten Weltsicht, wobei sie die äußere Umwelt durch die Brille ihrer Mythen und Rituale wahrgenommen haben (Segal 2007). Anstatt der Natur feindlich zu begegnen, mit dem Ziel, sie zu unterwerfen, sahen sie sich als Teil der natürlichen Umwelt, mit der sie sich symbiotisch verbunden fühlten. Demnach war das Tier- und Pflanzenreich ein beseelter, Ehrfurcht gebietender Kosmos, mit dem sie eng verbunden waren und dem sie mit Demut begegneten (Hervey et al. 2015). Vielleicht ist dies der reale Hintergrund der Vorstellung von einem paradiesischen Jenseits, die sich in verschiedenen Varianten in den religiösen Texten aller menschlichen Kulturen findet. Denn wie heißt es doch in der Bergpredigt: „Selig sind, die da geistig arm sind; denn ihrer ist das Himmelreich" (Matthäus 5). Als glücklich anzusehen sind demnach jene, die genügsam und bescheiden sind und sich nicht über andere erheben. Wir werden noch sehen, dass der Mensch, wenn er sich aus der immanenten Weltsicht befreit, zunehmend eine Selbstüberschätzung entwickelt, die sich mit einem gefährlichen Realitätsverlust verbindet.

Der Sozialanthropologe Ernest Gellner (1993) hat die Perspektive unserer Vorfahren anschaulich mit der Metapher des Unterseeboots beschrieben. Demnach steht der nach außen abgeschottete Raum für den sozialen Kontext der frühen Menschen, der mental weitgehend abgetrennt war von der sie umgebenden natürlichen Umwelt. Anders als heute trat den Menschen die Natur nicht als eigenständige Sphäre gegenüber, deren Gesetze man sich unabhängig von den persönlichen sozialen Verhältnissen erschließen kann. Vielmehr wurde die Umwelt von ihnen nur selektiv und durch den Filter der sozialen Anforderungen betrachtet, wie durch verschiedene Periskope eines Unterseeboots. Die Natur war im Wahrnehmungshorizont dieser Menschen ein integraler Bestandteil ihrer sozialen Alltagswelt und wurde selektiv herangezogen, um die sozialen Beziehungen zu bestätigen, die wiederum durch Mythen und Rituale zusammengehalten wurden.

Den Ausgangpunkt bilden die sozialen Beziehungen bzw. die Vorstellungen und Anschauungen, die sich unsere Vorfahren davon gemacht haben. Aussagen über das Wetter beispielsweise wurden nicht durch die Beobachtung *der* Natur erlangt, die es als eigenständige Sphäre außerhalb der sozialen Verhältnisse im Selbstverständnis der ‚Primitiven' nicht gab. Vielmehr waren es einzelne Personen, wie der Priester, die allein über die Autorität verfügten, Aussagen etwa darüber vorzunehmen, ob es regnet, und die dann durch eine bestimmte Sicht auf die Natur bestätigt wurden, auch dann, wenn es entgegen der Vorhersage faktisch nicht regnete. Der Wahrnehmungshorizont bildete sich also als Ergebnis allgemein akzeptierter und nicht hinterfragbarer sozialer Beziehungen. Die beschriebenen Vorstellungen oder Anschauungen, so Gellner, sind der Wahrnehmung vorausgesetzt und prägen diese (ebd.: 64). Damit bildet das System von Anschauungen die Kultur der Jäger und Sammler und in dem Maße wie Anschauungen Erwartungshaltungen erzeugen, haben sie für die Menschen einen ‚bindenden' Charakter.[1] Deshalb ist es

---

[1] Wer jetzt mit dem Kopf schüttelt, weil er sich diesen mentalen Zustand nur noch schwer vorstellen kann, demonstriert, wie wenig er sich selbst kennt. Wir werden sehen, wie stark unser Denken heute von einer Automobilitätskultur geprägt ist, die uns täglich zu kontrafaktischen Annahmen verleitet.

erstaunlich und bis heute ein Rätsel, wie es dem frühen Menschen gelungen ist, diese immanente Weltsicht zu überschreiten, die ihre jahrhundertelange Beständigkeit dadurch erlangte, dass der Mensch die natürliche Umwelt als festen, untrennbaren Bestandteil der eigenen Lebenswelt verstand.

Vor diesem Hintergrund und mit Blick auf die eingangs formulierte Frage bezüglich einer nachhaltigen Verkehrsentwicklung ist die Bilanz unserer nomadisierenden Vorfahren ambivalent. Die Kultur der Wildbeutergesellschaften führte zu einem naturverbundenen, einfachen Leben mit einer günstigen Energiebilanz.

Die Kultur unserer Vorfahren würden wir unter energetischen Gesichtspunkten als sehr nachhaltig bezeichnen. Die Wildbeutergesellschaften verbrauchten mit rund 8000 Kilojoule/Tag und Person siebenundzwanzigmal weniger Energie. Heute liegt der durchschnittliche Energieverbrauch weltweit bei rund 216.000 Kilojoule pro Tag und Person. Die entwickelten Industrienationen verbrauchen sogar 1.000.000 Kilojoule/Tag und Person, also einhundertdreißigmal mehr Energie als unsere frühen Vorfahren. Wenn wir das aktuelle ambitionierte Ziel der 2000-W-Gesellschaft (2 Kilojoule pro Sekunde) als Maßstab nehmen, darf zukünftig jeder Weltbürger nur noch rund 173.000 Kilojoule pro Tag verbrauchen. Das entspricht etwa fünf Liter Benzin und ist dann immer noch zweiundzwanzigmal mehr Energie, als unsere Vorfahren benötigt haben.

Wie wir im nächsten Kapitel sehen werden, waren die Jäger- und Sammlergesellschaften materiell insgesamt bessergestellt als die meisten Angehörigen späterer bäuerlicher Gesellschaften. Im Vergleich zu den großen Entbehrungen, die die von den Landbesitzern ausgebeutete Masse der armen Landbevölkerung ertragen musste, hatten die Jäger und Sammler ein gutes Leben.

„Die Mitglieder von Jäger- und Sammlergesellschaften sind schlank bis dünn und müssen wegen der geringen Energiedichte ihrer Nahrung viel essen, um genügend Kalorien aufzunehmen. Hunger leiden sie zumindest gelegentlich. Häufig sind sie von mehrzelligen Parasiten wie Würmern, Milben oder Egel befallen, je nach Lebensraum. Epidemien dürfte es dagegen nicht gegeben haben. Degenerative Krankheiten (Herz/Kreislauf, Krebs) kommen selten vor, was mit der geringeren Lebenserwartung zusammenhängen könnte, doch sind sie nicht unbekannt. Auch Unfälle ereignen sich nicht sehr häufig; dies gilt vor allem für tödliche Jagdunfälle […]" (Sieferle 1997: 50).

Das naturverbundene, genügsame Leben unsere Vorfahren, äußerte sich gegenüber der Natur dennoch zerstörerisch. Spätestens mit dem Auszug des Homo sapiens aus Afrika und der Eroberung der restlichen Weltregionen perfektionierte der Mensch die Jagd und rottete ganze Tierarten aus (Flannery 2011). Die gewaltsame Veränderung seiner Umwelt scheint seitdem eine Grundkonstante des Menschen zu sein.

Dass die Menschen bei ihrem Fortkommen auf die eigenen Füße angewiesen waren, hinderte sie nicht daran, sich die gesamte Erde zu erschließen und auf diese Weise auch in unwirtliche Regionen vorzudringen. Diese Selbstbeweglichkeit wird heute fälschlicherweise allein den Menschen in modernen Gesellschaften zugesprochen und vor allem mit der Auto-Mobilität verbunden, tatsächlich praktiziert wurde sie hingegen von den Jägern und Sammlern. Denn die Autofahrer:innen sind nicht selbst-beweglich, vielmehr lassen sie sich von einer technischen Prothese bewegen. Damit machen sie sich abhängig von der allgegenwärtigen Verfügbarkeit eines technischen Hilfsmittels. Der soziale Fortschritt individueller Freiheit durch freie Fahrt entpuppt sich bei genauer Betrachtung als allumfassende

Abhängigkeit von dem technischen Großsystem Automobilismus (Illich 1974).

Demgegenüber waren unsere ‚primitiven' Vorfahren potentiell frei, sich auf den eigenen Füßen jederzeit dorthin zu bewegen, wohin sie wollten – sie waren hochgradig mobil. Der Möglichkeitsraum moderner Menschen hingegen wird durch die Reichweite technischer Systeme begrenzt. Sollten die Grenzen des Automobilismus im globalen Maßstab erreicht sein, könnte der Mensch wieder auf die eigenen Füße zurückgeworfen werden. Auch und gerade, weil wir uns ein Leben ohne Auto heute kaum noch vorstellen können, ist es ebenso aufschlussreich wie beruhigend, sich zu vergegenwärtigen, dass unsere frühen Vorfahren hoch mobil waren, indem sie sich die Welt zu Fuß erschlossen haben.

Die Ambivalenz der Erfolgsgeschichte des Homo sapiens ergibt sich aus seinen gewalttätigen Eingriffen in die natürliche Umwelt und den daraus resultierenden ökologischen Katastrophen. Die Ausrottung ganzer Tierpopulationen durch den Homo sapiens erfolgte, weil es ihm möglich, nicht, weil es nötig war, damals sprach nichts dagegen. Heute ist der Homo sapiens nicht nur so klug, andere Säugetiere erfolgreich zu jagen, zu fressen und auszurotten, er hat mittlerweile zudem ein Verständnis davon entwickelt, dass die Zerstörung der natürlichen Umwelt ihn selbst und sein eigenes Überleben betrifft. Das ist der Grund, warum neben dem Radfahren das Zufußgehen seit einigen Jahren eine Renaissance erfährt. Wenn der ursprüngliche Nomadismus mit seinen zwanzig fußläufigen Tageskilometern ernst genommen und nicht nur als schicke Metapher für einen globalen Jet Set verballhornt wird, dann kann er einen Beitrag zu einer nachhaltigen Verkehrsentwicklung leisten. Bis heute gibt es allerdings nur vereinzelte Reiseberichte von Menschen, die sich zeitweise zu Fuß bewegt haben und dabei von neuen positiven

Erfahrungen berichten (Tesson 2019). Das Zufußgehen wird zwar immer öfter gelobt (Breton 2019) oder gar durch Lifestyle-Moden wie die Pilgerwanderung popularisiert; aber können wir uns vorstellen, dass es für uns wieder den Stellenwert erhält, den es für die Nomaden ursprünglich hatte? Unsere Vorfahren wurden nicht gefragt, ob sie auf zwei Beinen laufen wollten, die Evolution hat sie seinerzeit dazu gezwungen. Demgegenüber können wir heute scheinbar selbstbewusst ein gut begründetes Lob des Gehens anstimmen (Solnit 2019). Allerdings verhindern die von uns selbst geschaffenen gesellschaftlichen Verhältnisse, dieser Einsicht zu folgen und dem Zufußgehen einen größeren Stellenwert einzuräumen. Vielmehr werden wir zunehmend dazu gezwungen, immer schneller immer größere Distanzen zu überwinden, die zu Fuß in der vorgegebenen Zeitspanne nicht zu bewältigen sind. Diese gesellschaftliche Entwicklung erscheint uns als ein natürlicher Prozess, den wir kaum beeinflussen können. So gesehen sind wir auch nach einhunderttausend Jahren, wie unsere Vorfahren, noch Zwängen unterworfen, die vernünftiger Einsicht entgegenstehen. Indem wir den gewaltsamen Eingriff in die natürliche Umwelt weiter vorantreiben, sind wir unseren ‚primitiven' Vorfahren zudem näher als wir uns eingestehen möchten.

Stattdessen halten wir uns die unwahrscheinliche Leistung zugute, dem begrenzten Horizont der Wildbeutergesellschaften entkommen zu sein. Dass wir den dazugewonnenen geistigen Horizont sinnvoll nutzen können, muss sich erst noch erweisen.

Eine Bewährungsprobe bildet die gewaltige Kraftanstrengung, im globalen Maßstab eine nachhaltige Verkehrsentwicklung zu organisieren. Im Gegensatz zu unseren Vorfahren haben wir heute einerseits den Vorteil, eine solche Entwicklung bewusst gestalten zu können. Andererseits jedoch haben wir nicht wie unsere Vorfahren Jahrzehntausende Zeit, sondern nur noch wenige Jahrzehnte. Vor diesem Hintergrund werden im Fortgang der historischen Betrachtung der Gesellschafts- und Verkehrsentwicklung die möglichen Handlungsspielräume ausgelotet.

1.2 Der Sündenfall: Die Agrargesellschaft

Der Übergang von der Wildbeuter- zur Agrargesellschaft vor rund 12.000 Jahren stellt für viele Wissenschaftler:innen die womöglich größte Veränderung in der Menschheitsgeschichte dar. Am ehesten noch vergleichbar mit dem Übergang von der Agrar- zur Industriegesellschaft, weshalb man in Anlehnung an die industrielle Revolution auch von der neolithischen Revolution spricht. Anders als die industrielle vollzog sich die neolithische Revolution jedoch über mehrere Jahrtausende, ohne dadurch ihren umwälzenden Charakter einzubüßen. Vielmehr erscheint der Übergang von einem Leben als mobiler Jäger und Sammler zu einer sesshaften Lebensweise in mehrfacher Hinsicht besonders tiefgreifend und erklärungsbedürftig.

Zum einen ist da der mentale bzw. kulturelle Wandel vom immanenten zu einem transzendentalen Weltbild. Aber wie ist es zu erklären, dass unsere Vorfahren anfingen zu unterscheiden zwischen ihrem konkreten Leben auf der Erde und einem göttlichen Himmel. Wie konnte es ihnen gelingen, die Begrenzung einer innigen Naturverbundenheit zu verlassen, zumal sich diese Lebensweise Jahrzehntausende bewährt hatte (Parzinger 2014).[2]

---

[2] Der US-amerikanische Anthropologe Marshall Sahlins (1974) bezeichnete die historischen Wildbeuterkulturen sogar als ‚ursprüngliche Wohlstandsgesellschaft'.

Einen von vielen, wenn auch wenig schmeichelhaften, Erklärungsversuchen, hat zuletzt der Evolutionsbiologe Josef Reichholf (2008) ins Feld geführt. Demnach war es wieder einmal keine intellektuelle Leistung des Homo sapiens, an dessen Ende eine geniale Idee stand, vielmehr benötigte der ‚primitive' Mensch zunächst bewusstseinserweiternde Drogen, die ihn in die Lage versetzten, die immanente Weltsicht zu transzendieren. Reichholf zeigt, wie Jäger und Sammler Gesellschaften weltweit im Rahmen von Kulthandlungen damit begonnen haben, Pilze, Trauben und Wildgetreide zu vergären, um Rauschmittel zu erhalten.

Die gewaltige steinzeitliche Anlage *Göbekli Tepe* am Nordrand des ‚Fruchtbaren Halbmonds' in Anatolien ist einer der bedeutendsten Kultorte. Sie wird von Reichholf beispielhaft als ein Ort angeführt, wo sich die nomadisierenden Wildbeutergruppen zu bestimmten Zeiten zusammenfanden, um gemeinsam zu feiern und dabei transzendierende Erfahrungen zu machen. Ihm zufolge erklärt sich der Aufwand, der mit dem Bau solcher Kultstätten betrieben wurde, mit der Bedeutung der Kulthandlungen für den spirituellen und sozialen Zusammenhalt der Nomadenvölker. Damit markieren sie den Beginn der Gründung fester regelmäßig aufgesuchter Orte, die eigentlich einer nomadisierenden Lebensweise widersprechen und deren Aufwand zunächst in keiner Weise gerechtfertigt erscheint.

Die in der Folge wachsende Bedeutung von kultischen Handlungen und damit verbundenen Verkehrsentwicklungen, scheint diese These zu bestätigen.

„Die Verkehrsbeziehungen einzelner Personen miteinander waren in der Antike weit größer als in späteren Zeiten. Im Anfang waren es die Wanderungen der nomadisierenden Stämme, die hierbei Einfluss ausübten. Aber auch aus der historischen Zeit wissen wir von langjährigen Wanderzügen ganzer Völker, zum Beispiel aus der Geschichte der Hebräer und der weitverbreiteten Völkerbewegung der übrigen semitischen Stämme Syriens um das Jahr 2000 v. Chr., ferner der pelasgischen und dorischen Stämme in Griechenland und Italien. Zur Mäßigung der wilden Sitten und des kriegerischen Hanges trugen die beiden Kulturelemente Religion und Verkehr in einer um diese Zeiten überall anzutreffenden Gemeinschaft wirksam bei. Von dem ältesten geschichtlichen Staate Meroe an bis in die Zeiten des Römischen Reichs waren hervorragende Kultusstätten zugleich die Knotenpunkte eines bedeutenden Verkehrs, zum Beispiel das von den Karawanenstraßen nach Äthiopien, Phönizien und Nordafrika durchzogene Ägypten und Libyen in seinen Hauptstationen Meröe, Memphis, Theben, Ammon. [...] Von Ortschaft zu Ortschaft schlossen sich die Einwohner dem großen Zuge zu den Nationalfesten an, wodurch ihre Zahl zuletzt bis auf mehrere Hunderttausende anwuchs. Mit allen diesen Festen waren Jahrmärkte verbunden; die dahin führenden Straßen waren mit Götterbildern und sonstigen Heiligtümern geschmückt. An hervorragenden Stationen, namentlich bei besuchten Brunnen und größeren Lagerplätzen der Seeküste waren Tempel errichtet, wo Reisende, Pilger und Handelsleute aus den verschiedenen Motiven menschlichen Fühlens und Strebens ihre Opfer und Spenden darbrachten. Wenn vielfach die Kultstätten ein Ursprung des Verkehrs waren, so zeigte sich andererseits die enge Verbindung von Kultus und Verkehr öfter auch dadurch, dass an Plätzen, die von der Natur zum Verkehr und zum Handel bestimmt waren, ein Heiligtum gegründet wurde, nachdem dort schon ein reger Verkehr sich zu entwickeln begonnen hatte" (Stephan 1966: 19 ff.).

Der von Reichholf favorisierte Ansatz würde nicht nur erklären, wie sich unsere Vorfahren durch bewusstseinserweiternde Drogen aus dem Gefängnis der immanenten Weltsicht befreien konnten. Es würde auch verständlich

Abb. 1.2 Getreideanbau in der Antike. (© Richard Ashworth/robertharding/picture alliance)

machen, warum sich die Menschen von den Vorteilen einer extraktiven Wirtschaft abgewandt haben, um sich auf den im Vergleich mit der Wildbeutergesellschaft mit vielen Entbehrungen verbundenen steinigen Weg einer produktiven Wirtschaftsweise zu begeben (Parzinger 2014). Denn am Anfang der Entwicklung landwirtschaftlicher Produktion, ohne die notwendigen spezifischen Kenntnisse – die Fähigkeit langfristiger Planung und den Einsatz technologischer Hilfsmittel – ist das extraktive dem produzierenden Wirtschaften überlegen. Im Vergleich zum Extraktivismus der Jäger und Sammler erfordert die landwirtschaftliche Produktionsweise bei gleichem Kalorienertrag einen wesentlich größeren Arbeitsaufwand (Abb. 1.2). Insgesamt sprach vieles gegen die neue sesshafte Lebensweise:

„Ackerbau und Viehzucht machten die Versorgung mit Nahrungsmitteln zwar planbarer, als es Jägern, Fischern, und Sammlern möglich war, doch Missernten oder Ungezieferplagen konnten im Gegenzug schnell zur existentiellen Bedrohung eines Dorfverbandes werden. Produzierendes Wirtschaften hatte überdies auch beträchtliche Nachteile. Das enge Zusammenleben mit Tieren führte dazu, dass sich deren Krankheitserreger auf den Menschen übertrugen und durch Mutation für ihn gefährlich werden und zu Epidemien führen konnten. Zudem ist die Ernährung bei sesshaften Bauern nachweislich vielfach von schlechterer Qualität, weil einseitiger und von geringerem Proteingehalt. Die Körpergröße der Bauern nahm gegenüber jener der Wildbeuter sogar ab, und auch ihre Lebenserwartung stieg nicht signifikant. Überdies hatte Landwirtschaft schon früh Umweltschäden zur Folge, weil umfangreiche Abholzungen und extensive Viehhaltung zu unnatürlich hohen Kohlendioxidwerten führten und damit schon im Neolithikum den ersten Treibhauseffekt der Menschheit bewirkten" (Parzinger 2014: 718 f.).

Dass sich die Mitglieder der Jäger- und Sammlergesellschaften dennoch auf diesen Entwicklungspfad eingelassen haben, erklärt sich durch einen weiteren Faktor, der neben dem rituellen Drogenkonsum dazu beigetragen hat, sie aus ihrer naturgebundenen Genügsamkeit herauszureißen. Hatten die Kulthandlungen, indem sie dem Zusammenhalt der Gemeinschaft dienten, anfangs einen egalitär-kollektiven Charakter, entwickelten sie sich im Zuge einer mehrere Jahrtausende währenden Übergangsphase zu den hierarchisch stratifizierten Agrargesellschaften, zunehmend zu mystischen Ritualen der Herrschaftslegitimation. Die damit verbundene Ausbildung von Macht- und Herrschaftsverhältnissen ermöglichte die Unterordnung der Mehrheitsgesellschaft unter die Interessen einer kleinen herrschenden Minderheit (Scott 2019). Dabei verfügte die kleine Gruppe der Herrschenden neben den herrschaftsbejahenden kultischen Handlungen zunehmend auch über Mittel zur physischen Gewaltausübung, wie bewaffnete Kämpfer, mit denen sie die Gefolgschaft gegebenenfalls erzwingen konnten.

„Sobald nun aber mit dem zunehmenden Ackerbaubetrieb die Sesshaftigkeit eintritt, werden nach und nach die Teilung des Bodens, die Auseinandersetzung des lebenden und toten Inventars sowie die Trennung des Erwerbs erforderlich. Die Verschiedenartigkeit der Erzeugnisse der einzelnen Landstriche und die beginnende Teilung der Arbeit führen die Notwendigkeit des Austausches herbei. […] Wie die Notwendigkeit des Austauschs den Verkehr hervorrief, so machte das politische Bedürfnis ihn vollends unentbehrlich und bringt ihn […] überall in bestimmte Formen. Der Verkehr wird ein politisches Element" (Stephan 1966: 18 f.).

Womöglich liegen hier die Wurzeln einer unvernünftigen, nicht nachhaltigen Lebensweise, von der seitdem vor allem eine gesellschaftliche Elite profitiert, die bis heute stabile ein Prozent der Bevölkerung ausmacht (Morris 2012). In jedem Fall verdienen die politischen Macht- und Herrschaftsverhältnisse eine besondere Aufmerksamkeit, wenn es um die Frage geht, warum wir einer nachhaltigen Verkehrsentwicklung bisher nicht nähergekommen sind, obwohl es seit Jahrzehnten ein erklärtes politisches Ziel ist.

1.2.1 Antike (800 v. u. Z. bis 600 n. u. Z.)

Unabhängig von den politischen Handlungsspielräumen ist die Entwicklung eines Transportwesens mit der Sesshaftigkeit verbunden (Sieferle 2008). Während die Jäger- und Sammlergesellschaften sich nur der menschlichen Muskelkraft als Quelle mechanischer Arbeit und Fortbewegung bedienten, entwickeln die Menschen der Agrargesellschaften nichtmenschliche biologische und technische Energiekonverter. Sie domestizierten Tiere, die sie zum Lastentransport nutzen konnten, und sie erfanden Wind- und Wasserräder mit deren Hilfe sie die Wind- und Wasserenergie in mechanische Energie übersetzten. Erst dadurch gewinnt die mechanische Energie erstmals an Bedeutung und es lässt sich sinnvoll zwischen metabolischer und mechanischer Energie unterscheiden.

Die Agrargesellschaften basierten auf einem solarenergetischen Regime, jede Energiequelle, die der Mensch seinerzeit zu nutzen wusste, hatte auf die eine oder andere Weise die Energie der Sonne gespeichert. Sei es die Kraft der Nutztiere, die sich von Pflanzen ernährten, in denen die Sonnenenergie gespeichert war, die durch die Wärme der Sonne erzeugten, thermischen Winde, oder die Wasserkraft, als das Ergebnis von der Sonne verdunsteten Wassers, das auf den Bergen abregnet, bevor es sich ins Tal stürzt. Dabei führte die Abhängigkeit von Energiekonvertern wie Mensch und Tier, Wasser und Wind zunächst zur Dominanz einer Nahmobilität, während der Ferntransport noch einen verhältnismäßig geringen Umfang hatte.

Das durch das solare Energieregime begrenzte Transportwesen demonstriert der Umwelthistoriker Sieferle (2008: 6) anschaulich anhand der Transportkapazität eines Pferdes, das am Tag eine Last von 120 kg über 25 km tragen kann. Ein arbeitendes Pferd benötigt rund 12 kg Nahrung. Angenommen die Traglast bestünde vollständig aus Pferdefutter, dann müsste es zehn Prozent seiner Traglast fressen. Je größer die zurückzulegende Distanz, desto weniger bleibt am Ziel übrig, im Extremfall, wenn das Pferd seine Nahrung transportieren müsste, läge die maximale Distanz bei 250 km. Sieferle zeigt so exemplarisch, dass der Transport von Lebensmitteln mit Packtieren nur über relativ kurze Entfernungen sinnvoll war.

Durch technische Erfindungen wie das Rad und einen ebenen Untergrund, auf dem das Pferd einen Wagen ziehen kann, können die engen Grenzen erweitert werden. In dem Fall kann ein Pferd an einem Tag 1000 kg über 50 km transportieren, wobei der Energieaufwand, also die 12 kg Nahrung, gleichbleibt. Das Pferd könnte dann, vorausgesetzt seine Traglast bestünde wieder vollständig aus Pferdefutter, maximal 4000 km zurücklegen. Das Beispiel zeigt exemplarisch, dass der Mensch in der Lage ist, die Grenzen eines Energieregimes durch technische Innovationen bis zu einem gewissen Grad zu erweitern, ohne sie jedoch gänzlich aufheben zu können. Abgesehen von den eingeschränkten Transportkapazitäten eröffnete ein guter Straßenausbau neue Möglichkeiten der Informationsübermittlung. So richtete schon das riesige Perserreich gewaltige Heerstraßen ein, auf denen es entlang von Stationen, an denen die Pferde gewechselt werden konnten, Kurierdienste organisierte. Eine dieser Heerstraßen war 2500 km lang und verlief vom Mittelmeer bis zum Persischen Golf. Während Karawanen für diese Strecke rund 100 Tage benötigten, legten die Kuriere der persischen Könige sie in acht Tagen zurück (Stephan 1966: 50).

Innerhalb der Grenzen des Energieregimes bildeten sich immer vielfältigere Variationen des Transportwesens heraus. Beispielsweise entwickelten die Römer eine Vielzahl verschiedener Wagen für die unterschiedlichsten Anlässe, angefangen vom Lasten tragenden Ochsenkarren, über den repräsentativen Prunkwagen und den militärischen Streitwagen, bis zum städtischen Einkaufswagen für adlige Frauen (Fansa und Burmeister 2004). Demgegenüber fand der Wagen in Griechenland als Transport- und Beförderungsmittel nur selten Verwendung (Forbes 1993: 136). Die fehlende politische Einheit Griechenlands hatte dazu geführt, dass kein besonderer Wert auf Verkehrsverbindungen gelegt wurde (Hayen 1986). Die politischen Differenzen trugen dazu bei, dass das Verkehrswegenetz schlecht ausgebaut blieb und für Wagen kaum passierbar war.

Bei den Griechen bewirkten weder die militärische Expansion noch der Handel, dass ein auch nur annähernd so ausgebautes Straßennetz errichtet wurde, wie im Fall des Römischen Reichs. Dort war die ursprüngliche Motivation des Straßenbaus die gute militärische Erschließung der in den unterworfenen Gebieten gegründeten Koloniestädte, Straßenbau war „also ein Instrument der Machtpolitik" (Frey 2018: 12). Die konkrete Erfahrung im Rahmen von kriegerischen Auseinandersetzungen, dass ein schneller Nachschub kriegsentscheidend sein kann, veranlasste die Römer, den Straßenbau zur Perfektion zu treiben.

Der römische Kaiser Augustus führte schließlich im Zuge seiner umfangreichen Staatsreform den berühmten *cursus publicus* ein: eine Staatsverkehrsanstalt, die sich über das gesamte Reich erstreckte (Lemcke 2016). Auf einer rund 100.000 km umfassenden Straßeninfrastruktur erfolgte die staatlich organisierte Beförderung von Gegenständen oder Nachrichten, entlang von Stationen – jeweils eine Tagesreise voneinander entfernt –, bei denen das Transportmittel gewechselt werden konnte. Als gewöhnlichen Transportwagen nutzte man den *carrus,* die *rheda* als Reisepostwagen (auch Schnellpostwagen) (Abb. 1.3 und 1.4). Die Straßenstationen, die sogenannten *mansiones,* hielten für Reisende möblierte Unterkünfte bereit mit Bädern, Verpflegung für Mensch und Tier, Ställen sowie Reparaturwerkstätten (Frey 2018: 23).

Abb. 1.3 Rekonstruktion eines römischen Reisewagens (rheda) in Römisch-GermanischenMuseum Köln. (Nicolas von Kospoth [Triggerhappy], https://commons.wikimedia.org/wiki/File:Römischer_Reisewagen.JPG), „Römischer Reisewagen")

Abb. 1.4 Römischer Transportwagen (carrus) im Römisch-Germanischen Museum Köln. (HOWI – Horsch, Willy, https://commons.wikimedia.org/wiki/File:RGM-Köln-Rekonstruktion-eines-römischen-Transportwagens.JPG, „RGM-Köln-Rekonstruktion-eines-römischen-Transportwagens", als gemeinfrei gekennzeichnet, Details auf Wikimedia Commons: https://commons.wikimedia.org/wiki/Template:PD-self)

„Am Ausgang des Altertums begann sich auf den Gebieten des Verkehrs und der Kultur eine Angleichung der Völkerverschiedenheiten und der Interessengegensätze anzubahnen, die allerdings durch den Verfall des Reichs, die Stürme der Völkerwanderung und durch die einseitige Anschauung des Mittelalters wieder unterbrochen wurde" (Stephan 1966: 72).

1.2.2 Mittelalter (600 bis 1500)

Wie sehr die Verkehrsinfrastrukturen immer schon an die spezifischen gesellschaftlichen Verhältnisse gebunden waren, zeigte sich im Mittelalter, als die römischen Straßen, nach der Verlagerung der Reichshauptstadt von Rom nach Byzanz, ihre ursprüngliche Funktion verloren und in Vergessenheit gerieten. Zwar wurden neue Straßen entlang neuer Handelsrouten gebaut, doch insgesamt blieb die Verkehrsinfrastruktur im Mittelalter vergleichsweise bescheiden, weil die Partikularinteressen hunderter einzelner Fürstentümer, wie zuvor schon im Falle der griechischen Stadtstaaten, einem gemeinsamen, Grenzen überschreitenden Verkehrsnetz widersprachen. Der Verkehr erweist sich hier erneut als ‚politisches Element'.

Auch die mit Marktrechten ausgestatteten Städte behinderten die Verkehrsentwicklung im Mittelalter. In Abstimmung mit den jeweiligen Landesherren verwendeten sie ihren wachsenden Einfluss, um Händler zu zwingen, bestimmte Straßen zu nutzen (Straßenzwang), worauf sie Zölle erhoben, die aber selten zum Ausbau des Straßennetzes verwendet wurden (Spehr 2018: 101 ff.). Im Ergebnis entstand oftmals ein faktischer Straßenzwang, indem es für die Händler keine echte Wegealternative gab. Zudem wurden die durchziehenden Kaufleute genötigt, ihre Waren für einen bestimmten Zeitraum vor Ort feilzubieten (Stapelrecht), wofür die Städte wiederum Abgaben verlangten, die die Waren verteuerten und dem eigenen städtischen Gewerbe einen Vorteil verschafften. Schließlich waren Handelsstädte auch Geleitherren für das von ihnen verwaltete Territorium (Johanek 2012). Das Geleitrecht wurde den Kaufleuten von den Territorialherren für die Zahlung eines Geleitgeldes zum Schutz vor Überfällen gewährt.

„Solange das Geleitrecht bestand, hatten die einzelnen kleinen Territorialherren eher ein Interesse an schlechten als an guten Wegen. Bis ins 18. Jahrhundert war es ein Ziel der Handelspolitik, möglichst den Transitverkehr auf lange Linien zu verweisen, damit recht viel Geld im Lande verzehrt würde. Von den herrlichen Römerstraßen zeigten sich nur in abgelegenen Gegenden einige Spuren" (Stephan 1966: 94).

Dennoch waren die Menschen im Mittelalter keinesfalls immobil, vielmehr waren vor allem in der warmen Jahreszeit Millionen von Menschen unterwegs: Pilger, Boten, Kleriker, Studenten, Wanderer, Vagabunden, Bettler, Kranke, Kaufleute, Könige und Päpste (Ohler 1991). Ein bedeutender Teil der Bevölkerung bestand aus dem sogenannten ‚fahrenden Volk', wobei ‚fahren' im Mittelalter vor allem ‚wandern' meinte (Schubert 1995). Dabei handelte es sich um nicht sesshafte, arme Menschen, die sich gezwungen sahen, ihren Lebensunterhalt reisend zu verdienen – eine Mobilität ohne Chance (Schubert 1988).

Diese Selbstbezüglichkeit auf die eigenen Interessen im Kleinen, ohne Berücksichtigung der weiterreichenden lebensweltlichen Folgen, wie auch die prekäre Zwangsmobilität wurden noch bestärkt durch eine christliche Kultur, die in der Erwartung der Apokalypse bei den Menschen Furcht und Gleichgültigkeit gegenüber den irdischen Dingen erzeugte (Dinzelbacher 1996). Ohne Hoffnung auf eine Verbesserung auf Erden orientierten sich die Menschen des Mittelalters zunehmend auf das Jenseits. All ihr Streben war angetrieben von der Furcht vor der Hölle und auf ein besseres Leben im Himmelreich gerichtet. Möglichkeiten, dies zu Lebzeiten vorzubereiten, war ein gottgefälliges Leben im Kloster und/oder eine ebenso mühselige wie gefährliche Pilgerfahrt. Beide Lebensformen hatten dementsprechend starken Zulauf. Die Pilgerfahrt entwickelte sich ab dem 10. Jahrhundert gar zu einem Massenphänomen. Während anfangs nur die drei bedeutenden Pilgerstätten Jerusalem, Rom und Santiago de Compostela angelaufen wurden, entwickelten sich im Gefolge einer blühenden Reliquienverehrung zahlreiche kleine Wallfahrtsorte. Sie waren in wenigen Tagen erreichbar und konnten auch von Gläubigen aufgesucht werden, die den Strapazen einer längeren Reise nicht gewachsen waren oder ihre Arbeitsstätte nicht für längere Zeit verlassen konnten. „Man darf davon ausgehen, dass im Mittelalter praktisch alle Menschen in ihrem Leben eine oder mehrere Wallfahrten unternehmen" (Geisel 2008: 44).

Auch wenn die Pilgerfahrten zu Lebzeiten auf der Erde stattfanden, waren sie doch nicht auf diese Welt gerichtet, sondern immer mit der Hoffnung auf das Seelenheil nach dem Tod verbunden (Dinzelbacher 2008). Mehr noch, wer auf Pilgerschaft ging, machte zuvor sein Testament, und nicht wenige Pilger:innen starben unterwegs. Diese religiöse Weltabgewandtheit motivierte die Menschen nicht, schwierige Lebensverhältnisse als konkrete Herausforderung zu begreifen, die sie vor Ort verbessern könnten. Fortschritt im Sinne eines ‚Voranschreitens', hatte sich noch nicht etabliert. Vielmehr waren die Menschen noch so sehr in ihren sozialen Nahbeziehungen verhaftet, dass deren Überschreiten kaum vorstellbar war. „Der Gedanke, dass einer an einem fremden Ort wieder Fuß fassen könnte, dass es dort etwas zu entdecken gäbe, ist in der vormodernen Gesellschaft noch unbekannt. Wer im Ausland lebt, lebt im Elend – das mittelhochdeutsche Wort *ellende* bedeutet ursprünglich nichts weiter als ‚jenseits des Landes, Ausland'. Für eine Gesellschaft, die mit ihrer Heimat eins ist, kann es im Ausland kein Glück geben" (Geisel 2008: 12 f.). Aus dieser Binnenperspektive erschienen auch die weltlichen Verkehrsprobleme nicht drängend.

Vor diesem mentalen Hintergrund beschrieb der Kulturwissenschaftler Egon Friedell (2012) den auf das Mittelalter folgenden Übergang vom theozentrischen zum anthropozentrischen Weltbild als einen Epochenbruch, der den Umschlag des Bewusstseins von der vertikalen, auf Himmel und Hölle gerichteten Haltung in die Horizontale bewirkte (Abb. 1.5).

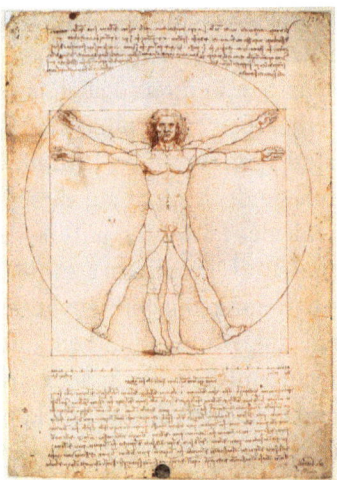

Abb. 1.5 Der vitruvianische Mensch, gezeichnet von Leonardo da Vinci im Jahre 1492. (Wikipedia https://commons.wikimedia.org/wiki/File:Vitruvian.jpg)

1.2.3 Die Neuzeit (1500 bis 1800)

Am Anfang der Neuzeit steht mit der Renaissance ein kultureller Epochenbruch, der in vieler Hinsicht schon im Mittelalter vorbereitet wurde (Fried 2008). Das gilt insbesondere für das sich wandelnde Raumverständnis, die Ablösung des mittelalterlichen ptolemäischen Weltbilds durch das heliozentrische Weltbild und die damit verbundene Vorstellung der Erde als Kugel (Strohmeier 2008). Daraus resultierte ein folgerichtig auch für die Verkehrsentwicklung einschneidender Mentalitätswandel.

Für den im Hochmittelalter einflussreichen Kirchengelehrten Augustinus war der im Raum umherschweifende Blick noch eine ‚sündige Anmaßung', weil er ablenken würde von der Wahrheit Gottes, die nur im Menschen selbst zu finden sei, sofern er Gott in seinem Herzen trägt. Mit den neuen wissenschaftlichen Erkenntnissen eröffneten sich für die Menschen neue Horizonte. In dem Maße wie es vorstellbar wurde etwas außerhalb ihrer selbst zu entdecken, begannen sie, die Landschaft anders wahrzunehmen. Den Ausgangspunkt bildete auch hier die städtische Kultur des späten Mittelalters, die sich zunehmend vom umliegenden Land distanzierte und dadurch einen neuen Blick auf den ländlichen Raum ermöglichte.

„Es darf angenommen werden, dass ländliche Kulturen den Blick in die Landschaft nicht als eigenständigen ästhetischen Zugang zur Welt entwickelten. Bäuerliche Kulturen hatten zur Landschaft eine ökonomische Beziehung; Wahrnehmung und Erfahrung waren wirtschaftlich dominiert: es ging um die Nutzung des Raumes. Der Bauer nahm Getreidefelder, Weiden, Brenn- und Bauholz wahr, wo der Städter begann, Landschaft, Blumen, Wiesen, wogende Felder und rauschenden Wald aus reinem Vergnügen zu sehen, zu hören, zu riechen. Der Blick auf die Landschaft als Lust ist dem städtischen Adel und in der Folge dem Bürgertum vorbehalten. Die Stadt ist die Grundlage der neuen ästhetischen Wahrnehmung von Raum" (Strohmeier 2008: 619).

Die wachsende Neugierde, neue Räume zu entdecken, entwickelte sich zu einem Drang, die sich eröffnenden Horizonte zu erforschen und wenn nötig zu erobern.

„Der Mensch, bisher in dumpfer, andächtiger Gebundenheit den Geheimnissen Gottes, der Ewigkeit und seiner eigenen Seele hingegeben, schlägt die Augen auf und sieht sich um. Er blickt nicht mehr über sich, verloren in die heiligen Mysterien des Himmels, nicht mehr unter sich, erschauernd vor den feurigen Schrecknissen der Hölle, nicht mehr in sich, vergrübelt in die Schicksalsfragen seiner dunklen Herkunft und noch dunkleren Bestimmung, sondern geradeaus, die Erde umspannend und erkennend, dass sie sein Eigentum ist" (Glaser 2016: 64).

Abb. 1.6 Christoph Kolumbus: Die Landung auf der Insel Hispaniola 1492. (Quelle: Wikipedia: https://commons.wikimedia.org/wiki/File:Columbus_landing_on_Hispaniola.JPG

Die neue expansive Bewegung verkörpert exemplarisch der italienische Seefahrer Christoph Kolumbus (1451–1506), der mit einem Bein noch im Mittelalter und mit dem anderen schon in der Neuzeit stand. Während er einerseits die religiöse Innerlichkeit abgelegt hatte, um die neue Welt zu entdecken, interpretierte er die neu erschlossenen Räume noch als tiefgläubiger Christenmensch. Die völlig fremde, in der Heiligen Schrift nicht erwähnte Tier- und Pflanzenwelt erklärten sich die Entdecker schlüssig damit, dass Gott sich hier wohl noch versucht habe, bevor ihm in Europa der große Wurf, die Krönung der Schöpfung gelungen sei (Abb. 1.6).

Von da an machten sich immer mehr Menschen auf den Weg, um neue Möglichkeitsräume zu erschließen. Der Sozialwissenschaftler Georg Jochum (2022) verortet hier die Anfänge der modernen Expansionsgesellschaft. Die bis dahin dominierende Nahmobilität wurde zunehmend ergänzt durch die Überwindung immer größerer Distanzen. Damit wuchs zugleich der Wunsch, nicht zu viel Zeit zu verlieren, was zur Entwicklung neuer Verkehrssysteme motivierte. Mit dem Beginn der Neuzeit setzt eine Beschleunigungsspirale ein, die sich in den folgenden Jahrhunderten bis in die Gegenwart immer weiter hochschrauben sollte (Borscheid 2004).

Den Anfang bildete im Jahr 1490 die Gründung der europäischen Post durch den einer italienischen Kurierfamilie entstammenden Franz von Taxis. Die europäische Post knüpfte einerseits konzeptionell an die Kurierdienste der Antike und des Mittelalters an, indem der Verkehr entlang bestimmter Routen durch entsprechende Einrichtungen unterstützt wurde. Andererseits brach sie mit dem Verkehrswesen der Vergangenheit, da die Post nicht mehr allein dem Staat bzw. der herrschenden Klasse diente (Glaser und Werner 1990). Mit der Post durften alle Menschen fahren, die sie bezahlen konnten, und dieser Anteil der Bevölkerung wuchs mit der Zeit kontinuierlich.

Auf diese Weise erfuhr die mit der europäischen Post mögliche Kommunikation im Vergleich zum Verkehrsleben des Altertums und des Mittelalters eine erhebliche sowohl quantitative als auch qualitative Steigerung. Die Kommunikationsrevolution der Neuzeit, so der Historiker Wolfgang Behringer (2002: 42) bildet die Grundlage für alle folgenden Kommunikationsmedien, sei es die Eisenbahn, das Autobahnsystem, das Flugverkehrsnetz einerseits, oder das Telefon, das Kabelnetz und das Internet andererseits.

Zum einen nahm der Verkehr in dem Maße zu, wie immer mehr Poststrecken eröffnet wurden und damit Europa in alle Himmelsrichtungen erschlossen werden konnte (Abb. 1.7). Zum anderen erweiterte sich der soziale Kreis der Bevölkerung, der sich mit der Post auf den Weg machen konnte. Auf der Fahrt in einem sogenannten ‚Rollwagen', trafen unterschiedliche soziale Gruppe aufeinander und tauschten sich während der langen, beschwer-

Abb. 1.7 Augsburger Meilenscheibe von 1629. Vom Zentrum Augsburg gehen in alle Himmelsrichtungen die Poststrecken ab. (Quelle: Wikipedia https://commons.wikimedia.org/wiki/File:J%C3%BCngere_Augsburger_Meilenscheibe.jpg)

lichen Fahrten im wahrsten Sinne des Wortes über Gott und die Welt aus.

Einblicke in diese neue Kultur des Reisens gibt das „Rollwagenbüchlein" des Schriftstellers Jörg Wickram (1555). Dabei handelt es sich um eine Sammlung derber Geschichten, die sich die Reisenden erzählten und in denen sie sich auf humorvolle Weise mit den gesellschaftlichen Verhältnissen ihrer Zeit auseinandergesetzt haben. Insbesondere Kirchenvertreter waren das Ziel von Hohn und Spott. Das Reisen eröffnete damit nicht nur neue physische Räume und Erfahrungshorizonte, es begünstigte auch erste Ansätze einer kritischen Öffentlichkeit. Auf diese Weise trugen die neuen Möglichkeiten des Reisens dazu bei, dass die ständische Gesellschaft buchstäblich in Bewegung geriet und die Menschen sich aus dem engen Gehäuse religiöser Hörigkeit befreien konnten.

Im 18. Jahrhundert entsteht das Phänomen der Bildungsreise. Reisen wandelt sich von einem notwendigen Übel, um von A nach B zu kommen, das man erzwungenermaßen, trotz aller Gefahren und Widrigkeiten, auf sich nahm, zu einem persönlichen Wunsch. In dem Maße wie der gesellschaftliche Stellenwert von Bildung wuchs, die zunehmend als wesentliches Moment der Persönlichkeitsentwicklung begriffen wurde, wuchs auch der Wunsch nach Bildungsreisen, als Reise zur eigenen Persönlichkeit. Das Reisen wandelte sich von einem Mittel zum Zweck zum Selbstzweck.

Das Reisen wurde zudem immer weniger als Gefahr wahrgenommen, sondern zunehmend als Chance begriffen, aus beengten Verhältnissen auszubrechen. So beschreibt Goethe die Erfahrung seiner Italienreise als eine tiefgreifende Persönlichkeitsänderung: „Wenn irgendetwas für mich entscheidend war, so ist es diese Reise" […]. Überhaupt ist mit dem neuen Leben, das einem nachdenkenden Menschen die Betrachtung eines neuen Landes gewährt, nichts zu vergleichen. Ob ich gleich noch immer derselbe bin, so mein' ich, bis aufs innerste Knochenmark verändert zu sein" (Goethe 1786).

Was als Privileg von begüterten Adligen, Dichtern und Denkern, begann, bildete bald das Vorbild für die sich im 19. Jahrhundert herausbildende breitere Schicht des Bürgertums (Abb. 1.8). Es entstehen die ersten Reiseführer, mit denen sich die unwägbare, abenteuerliche Reise in unbekannte Länder zu einem kalkulierbaren, weitgehend sicheren Reiseerlebnis wandelt (Simanowski 1998). Hier liegen die Ursprünge des heutigen Massentourismus.

Abb. 1.8 Postkutsche mit Beipackwagen auf dem Weg in den Süden (1893). (Quelle: Museumsstiftung Post und Telekommunikation)

Doch trotz aller beschriebenen Fortschritte, die das Postwesen bezüglich der Überwindung von Raum und Zeit mit sich brachte, blieb das Reisen noch bis weit in das 19. Jahrhundert hinein ein beschwerliches Unterfangen. Sowohl die weiterhin bestehende politische Zersplitterung wie auch die desolaten Verkehrswege führten zum Begriff der ‚Schneckenpost'. Einen in jeder Hinsicht grundlegenden Wandel brachte erst die Eisenbahn mit sich, die als Katalysator bei der Herausbildung der Industriegesellschaft wirkte.

1.3 Hybris: Die Industriegesellschaft

Der Übergang vom solarenergiebasierten Energieregime der Agrargesellschaften zum fossil-energetischen Regime erfolgte im Zuge der Industrialisierung und hatte insbesondere drei technische Innovationen zur Voraussetzung, die wechselseitig ineinandergriffen (Sieferle 2008; Morris 2020). Zum einen ermöglichte der Einsatz von Dampfpumpen im Steinkohlebergbau eine Vergrößerung, Verstetigung und Verbilligung des Angebots fossiler Energieträger. Bis dahin erschwerte der Eintritt von Grundwasser den Tagebau und begrenzte den Kohleabbau und die Kohlenutzung im großen Stil. Darauf wiederum war die Eisenverhüttung mit Koks angewiesen, die ihrerseits die technisch-energetische Basis für den Aufbau einer ‚mineralischen', auf Eisenerzen basierenden Ökonomie bildete. Die Stahlindustrie schließlich ermöglichte den Bau von Eisenbahnen und eisernen (Dampf-)Schiffen, was die Emanzipation des Transports von Biokonvertern sowie Windkraftmaschinen und den damit verbundenen engen Restriktionen erlaubte. „Erst der technisch-industrielle Komplex, der sich aus Steinkohlebergbau, Eisenverhüttung, Dampfmaschine und Eisenbahn zusammensetzte, ermöglichte die Formierung eines neuen Entwicklungspfads" (Sieferle 2008: 29).

Dabei bildete die Eisenbahn den Motor der industriellen Revolution (Fremdling 1975). Sie ermöglichte einen doppelten qualitativen Sprung, indem sie die Raumüberwindung perfektionierte und als weiteres Ziel durch ihre bis dahin unbekannte Beschleunigung die Überwindung der Zeit einführte (Abb. 1.9).

Kulturell verband sich mit der Eisenbahn für viele Zeitgenossen die Hoffnung auf eine friedliche Vernetzung der politisch vielfach immer noch zersplitterten europäischen Länder. Während die Postkutsche noch von den natürlichen und politischen Hindernissen aufgehalten wurde (holpriger Weg, Partikularismus etc.), versprach die Eisenbahn einen neuen Integrationsschub. Als einer der Ersten erkannte der deutsche Ökonom, Friedrich List, den emanzipatorischen Charakter der Eisenbahn. Er hatte in

Abb. 1.9 Eröffnung der Ludwigs-Eisenbahn (1835). (Quelle: Germanisches Nationalmuseum, Nürnberg)

den 1830er Jahren eine Amerikareise unternommen und die dort schon weiter vorangeschrittene Entwicklung vor Augen, als er anfing, in mehreren programmatischen Schriften ein Eisenbahnsystem für Deutschland zu bewerben: „Der wohlfeile, schnelle, sichere und regelmäßige Transport von Personen und Gütern ist einer der mächtigsten Hebel des Nationalwohlstandes und der Zivilisation [...]" (List 1838: 1). Die Eisenbahn sollte den deutschen Partikularismus zu einem einheitlichen, nationalen Markt verbinden und auf diese Weise die ökonomische Entwicklung befördern und den gesellschaftlichen Wohlstand steigern.

Tatsächlich setzte in der zweiten Hälfte des 19. Jahrhunderts in Deutschland eine rasante Eisenbahnentwicklung ein, mit den von List prophezeiten positiven ökonomischen Effekten (Abb. 1.10).[3] Allerdings hatte die

---

[3] List selbst hat diese Entwicklung nicht mehr erlebt. Nachdem er sich viele Jahre lang bemüht hatte, die Politik von einem deutschen Eisenbahnsystem zu überzeugen und immer wieder gescheitert war, hatte er stark frustriert 1846 Selbstmord begangen.

1 Verkehr und Gesellschaft: Metamorphosen

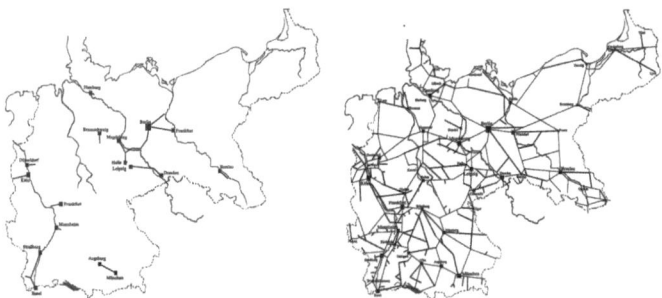

Abb. 1.10 Deutsches Eisenbahnnetz 1842 und 1870. (Quelle: Ziegler (1996: 564))

politische Motivation anfangs nichts mit den von Friedrich List verfolgten friedlichen Motiven zu tun, vielmehr war die Förderung der Eisenbahnentwicklung in Deutschland wie auch in anderen Ländern zunächst von militärischen Überlegungen getrieben. Denn es hatte sich gezeigt, dass über ein dichtes Schienennetz innerhalb des Landes schnell Truppenverlagerungen durchgeführt und im Kriegsfall der oftmals kriegsentscheidende Nachschub gesichert werden konnte. Das war auch der Grund dafür, warum der Ausbau der Schieneninfrastruktur in Europa immer an den nationalen Grenzen Halt machte und es bis heute in verschiedenen Ländern unterschiedliche Spurbreiten gibt, die bei einem grenzüberschreitenden Verkehr, mühsam überbrückt werden müssen. Während die Eisenbahn ihre Rolle als Motor der wirtschaftlichen Entwicklung von Nationalstaaten schließlich ganz im Sinne von Friedrich List erfüllte, hat sich seine Vision einer europäischen Integration durch einen Ländergrenzen überschreitenden Eisenbahnverkehr nicht erfüllt. Allerdings trug die Eisenbahn auf nationaler Ebene durch die Zusammenführung der Menschen wesentlich zur Herausbildung eines nationalen Staatsbewusstseins bei.

Wie sehr die durch das Eisenbahnsystem ermöglichte rasante Beschleunigung von der Erschließung fossiler Energieträger abhängig war, in diesem Fall der Kohle, zeigt ein Vergleich mit dem biologischen Energiekonverter Pferd aus der Zeit des solarenergetischen Regimes. Hätte man das Transportvolumen der Eisenbahn in Großbritannien im Jahr 1890 mit dem Pferd erreichen wollen, wären rund drei Millionen Pferde und eine Futterfläche von rund 60.000 km^2 (mehr als 30 % der gesamten Landesfläche) nötig gewesen. 1912 waren es schon 50 % der gesamten Landesfläche (Sieferle 2008: 31). Das verdeutlicht die ungeheure Energiedichte der fossilen Energieträger, die sich über Jahrmillionen konzentriert hat und die seit zweihundert Jahren, also in einem menschheitsgeschichtlich verschwindend kurzen Zeitraum, explosionsartig freigesetzt werden. Die in Umfang und Geschwindigkeit enorme Steigerung des Verkehrsaufkommens war eng mit der im Zuge der Industrialisierung einsetzenden beschleunigten Wirtschaftsentwicklung verkoppelt und ermöglichte erstmals in der Menschheitsgeschichte ökonomische Wachstumsraten von über einem Prozent (Maddison 2001). Das enge Wirkgefüge von Wirtschafts- und Verkehrswachstum bildete die Grundlage der sich von da an ständig beschleunigenden Wohlstandsentwicklung (Borscheid 2004).

Das revolutionäre Verkehrsmittel Eisenbahn, das aus heutiger Sicht als eine überwältigende Erfolgsgeschichte erscheint, wurde von den Zeitgenossen zunächst jedoch sehr unterschiedlich wahrgenommen. Von Anfang an gab es zwei konträre Reaktionen auf dieses neue Fortbewegungsmittel. Einerseits gab es jene, die in der Eisenbahn gleichsam schon den alten Menschheitstraum des Fliegens erfüllt sahen.

So berichtete beispielsweise 1843 der deutsche Dichter Heinrich Heine aus dem Pariser Exil in einem Brief für die Augsburger Zeitung:

„Welche Veränderungen müssen jetzt eintreten in unserer Anschauungsweise und in unseren Vorstellungen! Sogar die Elementarbegriffe von Zeit und Raum sind schwankend geworden. Durch die Eisenbahnen wird der Raum getötet, und es bleibt uns nur noch die Zeit übrig. Hätten wir nur Geld genug, um auch letztere anständig zu töten! In viereinhalb Stunden reist man jetzt nach Orléans, in ebenso vielen Stunden nach Rouen. Was wird das erst geben, wenn die Linien nach Belgien und Deutschland ausgeführt und mit den dortigen Bahnen verbunden sein werden! Mir ist, als kämen die Berge und Wälder aller Länder auf Paris angerückt. Ich rieche schon den Duft der deutschen Linden; vor meiner Tür brandet die Nordsee" (Heine 1981: 449).

Neben diesem emphatischen Fortschrittsglauben gab es mindestens ebenso große Bedenken: Manche sahen in der bis dahin unbekannten Geschwindigkeit eine Gefahr für Leib und Leben. Es gab medizinische Studien mit dem Ergebnis, dass der menschliche Körper für diese Geschwindigkeiten (20–30 km/h) nicht gemacht sei, das Gehirn würde das nicht aushalten und Schwachsinn sei die zwangsläufige Folge. Das bayrische Obermedizinalkollegium befürchtete gar, dass neben den Reisenden auch Zuschauenden bei der Betrachtung dieser Geschwindigkeit Gehirnerkrankungen drohen würden, und empfahl deshalb einen Bretterzaun entlang der Trasse (Traeger 2005: 175).

Unabhängig von dieser ambivalenten Wahrnehmung der neuen Verkehrstechnik erlebten alle Menschen die Eisenbahn als einen tiefgreifenden Kulturbruch (Schivelbusch 2004). In ihr spiegelte sich gleichsam der soziale Wandel jener Zeit, die Eisenbahn war ein Vehikel der Demokratisierung von Mobilität und trieb die mit der Postkutsche begonnene Entwicklung weiter voran. Das Eisenbahnsystem war prinzipiell für alle gesellschaftlichen Schichten offen, auf den Bahnsteigen trafen sich plötzlich Menschen, die sich zuvor niemals begegnet sind, weil sie

Abb. 1.11 Szene auf einem Wiener Bahnhof 1875, gemalt von Karl Karger. (Quelle: Wikipedia https://commons.wikimedia.org/wiki/File:Arrival_of_a_train_at_Vienna_northwest-station_-_Karl_Karger_-_Google_Cultural_Institute.jpg)

in unterschiedlichen, räumlich getrennten Welten lebten (Abb. 1.11). Wer sich auf dieses technische Großsystem einließ, bewegte sich nach den gleichen Regeln fort, was insbesondere die vormals privilegierten Schichten als äußerst unangenehm empfanden. Ein Aristokrat kommentiert dies in der ersten Hälfte des 19. Jahrhunderts eindrücklich:

> „Früher hatte man seinen Reisewagen, seine Dienerschaft, alles das hing von dem Befehl des Herren ab, er ließ stundenlang bei grimmer Kälte oft Postillion und Diener warten, dann bewegte sich der prächtige Wagen so wie der Herr es wollte, langsam oder schnell, und nie konnte es sich ereignen, dass besagter Wagen oder sein Inhalt mit der Krapüle (Gesindel) in Berührung kam. Das ist anständig, da hatte man doch sichtlich und greifbar etwas vor der Menge voraus, aber jetzt, wenn man auch noch so teuer ein Kupee mietet, das Fatale ist, man muss anhalten, wenn die Menge anhält; das Fatale ist, man muss fahren, wenn die Menge fährt. Wahrlich, der Spaß ist ganz verdorben

worden, und es bleibt für unsere Hochtories (Adligen) nur noch übrig, dass sie ihre Landhäuser oder Schlösser gar nicht mehr verlassen und kleine Hofhaltungen darauf etablieren, wo sie nur ihresgleichen zu sehen bekommen" (zit. n. Glaser 1990: 201 f.).

Große Teile der Bevölkerung, die sich auf den Weg machten, war ein neues gesellschaftliches Phänomen. Menschenmassen waren zuvor nur mit Aufruhr und Revolution in Verbindung gebracht worden und den Herrschenden daher äußerst suspekt. Deren Ressentiment rührte aber vor allem daher, dass die vormals privilegierte Schicht ihr Vorrecht, mobil zu sein, verlor. Das wurde zwar etwas gemildert, indem man verschiedene Wagenklassen einführte, zurückdrehen konnte man die Gleichstellung bei der Fortbewegung nicht mehr. Auch benachteiligte Gesellschaftsschichten waren nun mobil (ob erzwungen oder freiwillig) und konnten sich neue Möglichkeitsräume erschließen, die ihnen vorher verschlossen waren.

Auf dem Höhepunkt ihrer Entwicklung sah sich die Eisenbahn zu Beginn des 20. Jahrhunderts mit einem neuen Konkurrenten konfrontiert, der ihr das Leben zunehmend schwermachen und die Eisenbahn in ihrer gesellschaftlichen Bedeutung schließlich beerben würde – das Automobil.

Technisch betrachtet knüpfte das Auto an die Kutsche an und entwickelte diese weiter (Möser 2002). Deswegen wundert es nicht, dass die ersten Fahrzeuge aussahen wie Kutschen ohne Pferde (Abb. 1.12). Aber auch das Fahrrad, das sich in einer langen, fast einhundertjährigen Entwicklungsphase bis Ende des 19. Jahrhunderts in der uns heute bekannten Form herausgebildet hatte (Lessing 2003), bereitete dem Automobil in vieler Hinsicht den Boden. Technische Innovationen beim Fahrrad, wie das Kugellager oder die Reifen, wurden bei der Autokonstruktion übernommen, im Bereich des Verkehrsrechts hatten sich

Abb. 1.12 Carl Benz (rechts) in einem seiner ersten Fahrzeuge (1894). (© DB Mercedes-Benz/dpa/picture alliance)

die Haftpflicht sowie Straßenverkehrszeichen bewährt, die auch beim Autoverkehr angewendet werden konnten. Die verschworene Gemeinschaft der Radfahrenden hatte zudem ein vielfältiges Vereinswesen inklusive Zeitschriften und Clubs etabliert. Viele Akteure aus der Fahrradwirtschaft wechselten daher nahtlos in die Autoproduktion, so zum Beispiel Opel, Peugeot und Michelin. Auch der Straßenbau profitierte zunächst vom Engagement der Fahrradlobby. Schließlich waren die ersten asphaltierten Straßen für Fahrräder gebaut worden (Reid 2015). „Darüber hinaus lieferten die Radfahrer den frühen Autofahrern mit ihrer Reise-, Selbsterfahrungs-, Tourismus- und Individualisierungsideologie eine weltanschauliche Basis, auf der diese bequem weiterfahren konnten" (Merki 2002; 2008: 52).

Mit dem Auto konnte soziale Distinktion in der Mobilität wieder verstärkt werden. Inzwischen nicht mehr für die Aristokratie, sondern für die neue herrschende Klasse des Bürgertums, die sich mit dem privaten Automobil von der proletarischen Masse abhob. Dies wurde anfangs noch durch das Privileg unterstrichen, wie im Zeitalter der Kutsche, von einem Chauffeur gefahren zu werden. Kaum

Abb. 1.13 Rennen in Nizza (1901). (© Mercedes-Benz Classic)

jemand konnte sich damals vorstellen, dass irgendwann einmal Millionen von Menschen ihren eignen Wagen steuern würden.

Zunächst jedoch begegneten die Menschen dem Auto mit massivem, nicht selten gewalttätigem, Widerstand (Merki 2002). Dabei wehrten sie sich gegen ein Fahrzeug, welches Unfälle, Staub, Lärm und Gestank mit sich brachte und durch seinen Platzbedarf andere Verkehrsteilnehmende zunehmend aus dem Straßenraum drängte (Fraunholz 2002). Darauf reagierten 1913 beispielsweise Autogegner in Henningsdorf bei Berlin, indem sie einen Draht über die Fahrbahn spannten, von dem ein Liebespaar geköpft wurde, das dort im offenen Wagen entlangfuhr.

Die Akzeptanz gegenüber dem Auto stieg erst durch die Popularisierung von Autorennen (Abb. 1.13). Die negativen Effekte des Automobils wandelten sich hier zum besonderen Nervenkitzel, den das Publikum genießen konnte, während sich die Fahrer in Gefahr brachten. Im Rückblick ist es erstaunlich, wie erfolgreich sich das Auto schließlich trotz aller Widerstände durchgesetzt hat, denn die Zahl der Verkehrstoten im Straßenverkehr nahm auch in den folgenden Jahrzehnten stetig zu. Erst als sie 1970 mit über zwanzigtausend Todesfällen ihren Höhepunkt erreichte, begann die Politik mit der Durchsetzung von Geschwindigkeitsbegrenzungen und Alkoholverboten darauf zu reagieren.

Der entscheidende Durchbruch des Automobils als Massenverkehrsmittel kam allerdings erst mit dessen finanzieller Erschwinglichkeit für breitere Schichten der Bevölkerung. Die Voraussetzung dafür bildete die nach dem US-amerikanischen Unternehmer, Henry Ford, benannte, fordistische Massenproduktion. Ford ging 1908 erstmals dazu über, Autos in Serienfertigung am Fließband zu produzieren (Schmidt 2017). So konnten große Stückzahlen immer günstiger produziert werden. Gleichzeitig stieg die Kaufkraft der Arbeiterschaft, da Ford höhere Löhne zahlte. Immer mehr Arbeiter konnten sich daraufhin selbst ein Auto leisten (Abb. 1.14).

„Trotz sinkender Kosten blieb der Pkw lange ein Privileg wohlhabender Gruppen. Ein Genfer Bauarbeiter musste 1912 für Fords Model T 4,2 Jahre lang arbeiten, 1952 für einen damit vergleichbaren Citroen noch 0,7 Jahre. 1912 waren nur 5 % der Genfer Pkws im Besitz von Arbeitern, 1955 immerhin 15 %" (Merki 2008: 55). Im Deutschen Reich gab es Mitte der 1920er Jahre erst eine halbe Millionen Personenkraftwagen.

Im Ergebnis entwickelte sich eine Produktionsweise, die sich durch eine enge Verschränkung von Massenproduktion und Massenkonsum auszeichnete und durch den Wohlfahrtsstaat sozialpartnerschaftlich moderiert wurde. Dabei verfolgten alle Beteiligten, die Unternehmen wie die Gewerkschaften und auch der Staat, das gemeinsame Ziel stetig steigenden Wirtschaftswachstums. In Deutschland etablierte sich die Automobilwirtschaft zur neuen Leitindustrie und löste die bis dahin dominierende Eisenbahnindustrie ab.

1 Verkehr und Gesellschaft: Metamorphosen

Abb. 1.14 Die Belastungsprobe eines DKW-Reichsklasse. (© Unternehmensarchiv AUDI AG)

Aus heutiger Sicht interessant ist die fortdauernde Frage des Antriebs. Zu Beginn des 20. Jahrhunderts setzte sich der Fahrzeugbestand noch zu jeweils einem Drittel aus dampfbetriebenen Autos, Benzinern und Elektroautos zusammen. Zu diesem Zeitpunkt konkurrierten diese drei Technologien miteinander und es war noch keinesfalls entschieden, welche sich durchsetzen würde. Der Ingenieur und Technikhistoriker Gijs Mom (2004) zeigt in seiner Soziogenese des Elektroautos, dass nicht nur technologische Vorteile, sondern verschiedene kulturelle Einflüsse den Erfolg des Verbrennungsmotors erklären. Der Reiz des Verbrenners im Vergleich zum Elektroauto lag gerade in seiner anfänglichen Unvollkommenheit bzw. Fehleranfälligkeit, so seine zentrale These. Sie war Teil des Abenteuers, bei dem insbesondere

Männer es darauf anlegten zu demonstrieren, dass sie die Maschine eigenhändig beherrschten. Demgegenüber wurde das damals schon viel verlässlichere Elektroauto als ‚Frauenauto' stigmatisiert. Das Benzinauto übernahm sukzessive die erfolgreich am Elektroauto erprobten technischen Innovationen, wie z. B. ein geschlossenes Chassis oder verstärkte Mantelreifen. Schlussendlich trug die Erfindung des elektrischen Anlassers dazu bei, dass sich im Verbrennungswagen das Abenteuer mit Verlässlichkeit und Komfort verband. Die „Rennreiselimousine" war geboren (Knie 1997).

Unter veränderten kulturellen Rahmenbedingungen wäre heute eine gegenläufige Technikgenese vorstellbar. Sollte sich aufgrund eines Kulturwandels das positive Image des Benzinautos zugunsten der ökologischen Frage ins Negative verkehren, könnte das Automobil eine erneute Metamorphose vollziehen und sich schrittweise vom reinen Benzinauto zum Elektroauto entwickeln. Allerdings stellt sich der Verkehrssektor heute anders dar als zu Beginn des 20. Jahrhunderts, als noch offen war, welcher technologische Entwicklungspfad beschritten und welche kulturellen Besonderheiten den Ausschlag geben würden. Die etablierten Strukturen des großtechnischen Systems der Rennreiselimousine mit einer Vielzahl daran partizipierender Akteure und ihren spezifischen Interessen sind eine wesentliche zusätzliche Hürde bei der Entwicklung des Elektroautos (Schwedes 2021c). Anders als in den Anfängen der Automobilentwicklung müsste heute der kulturelle Wandel durch politische Entscheidungen systematisch flankiert werden. Politik hätte also die Aufgabe, sich bewusst gegen die Interessen der etablierten Akteure des großtechnischen Systems Benzinauto zu richten und die am Elektroauto interessierten neuen, aber bisher noch marginalisierten Akteure stärker zu berücksichtigen, um das Elektroauto als Teil einer nachhaltigen Verkehrsentwicklungsstrategie zu unterstützen.

1 Verkehr und Gesellschaft: Metamorphosen

Abb. 1.15 Familienausflug mit dem Auto an den See (1930er). (© our-planet.berlin/imageBROKER/picture alliance)

Solche Argumente, die heute für das Elektroauto auf Basis erneuerbarer Energien sprechen, waren zu Beginn des 20. Jahrhunderts noch nicht präsent. Die Endlichkeit fossiler Energieträger war ebenso wenig ein Thema wie der Klimawandel, vielmehr wurde die Erdölförderung immer günstiger und das Benzin die folgenden einhundert Jahre stetig billiger. In Verbindung mit der Zunahme von freier Zeit bei wachsenden Bevölkerungsschichten entwickelte sich das neue Phänomen des Freizeitverkehrs (Abb. 1.15).

In der Zwischenkriegszeit konnten sich die meisten Menschen jedoch noch kein motorisiertes Fahrzeug leisten, sie waren noch angewiesen auf das Fahrrad und verbrachten ihre Freizeit mit ‚Rad-Wandern'. Das Fahrrad erlebte in den 1920er Jahren seine kurze Hochphase. Durch die neue Dimension individueller Selbstbeweglichkeit, die weit über das Zufußgehen hinausreichte, war das Rad-Wandern in vieler Hinsicht der Vorläufer der Kultur der Auto-Mobilität. Der Mensch erreichte mit eigener Kraft mühelos Geschwindigkeiten von zwanzig, dreißig Kilometern und war damit doppelt so schnell wie eine Kutsche mit trabenden

Abb. 1.16 Emanzipation durch Radfahren. (© Mary Evans Picture Library/picture alliance)

Pferden. Abgesehen von der berauschenden Erfahrung dieser neuen Geschwindigkeit war es die persönliche Freiheit, sich selbstbestimmt bewegen zu können, die die Menschen am Fahrrad faszinierte. Vor allem für die Frauen, deren Wirkkreis bis dahin von den Männern auf Haus und Hof beschränkt wurde, eröffnete das Radfahren neue Möglichkeitsräume, die es ihnen erlaubten, sich von Konventionen zu befreien (Abb. 1.16). „Das Fahrradfahren habe mehr zur Emanzipation der Frauen beigetragen als irgendetwas sonst auf der Welt, davon war die amerikanische Frauenrechtlerin Susan B. Anthony überzeugt: ‚Es gibt den Frauen ein Gefühl von Freiheit und Selbstvertrauen. Es vermittelt ihnen Unabhängigkeit'" (Geisel 2008: 132).

Das Fahrrad blieb bis nach dem Zweiten Weltkrieg das wichtigste Individualverkehrsmittel, bevor es im Zuge der Wohlstandsentwicklung zunächst vom Motorrad und dann vom Auto abgelöst wurde (Abb. 1.17).

1 Verkehr und Gesellschaft: Metamorphosen

Abb. 1.17 Der fünfmillionste Volkswagen (1961). (© United Archives/Erich Andres/picture alliance)

Während es Anfang der 1960er Jahre in Deutschland knapp 4,5 Mio. Autos gab, hat sich ihre Zahl bis heute auf knapp 50 Mio. mehr als verzehnfacht. Im Personenverkehr fallen zwei Drittel der zurückgelegten Kilometer auf das Auto. Die von jedem Einzelnen alltäglich mit dem privaten Auto zurückgelegten Kilometer nehmen seit Jahrzehnten zu. Dabei umfasst allein der Urlaubs- und Freizeitverkehr mit rund 40 % der gesamten Verkehrsleistungen den größten Anteil. Hier spielt insbesondere der Flugverkehr eine immer bedeutendere Rolle, dessen jährliche Wachstumsraten am höchsten sind. Insgesamt legt in Deutschland jede Person täglich durchschnittlich fast 40 km zurück, eine deutlich größere Strecke als unsere Vorfahren, die Jäger und Sammler, die täglich maximal fünfundzwanzig Kilometer bewältigen konnten.

Mit dem Fliegen erfüllt sich der Mensch einerseits seinen uralten Traum unbegrenzter Freiheit, andererseits ist das Fliegen womöglich Ausdruck seiner maßlosen Hybris (Krause und Trappe 2021). Bei den Griechen war die Selbstüberschätzung, wie im Fall des Ikarus, verbunden mit Realitätsverlust und endete in der Regel mit dem tragischen Scheitern oder Tod des Helden. Haben wir es also zu weit getrieben?

2

Die Übergangsgesellschaft

Mit Blick auf das Energieregime leben wir heute noch im Industriezeitalter, der Verkehrssektor ist noch immer nahezu vollständig vom Erdöl abhängig. Auch die Kultur der Industriegesellschaft prägt bis heute unser Denken und Handeln, wenn wir ökonomisches Wachstum als Selbstzweck verfolgen und die damit einhergehenden stetig wachsenden Verkehrsmengen immer schneller über immer größere Distanzen organisieren. Der Vorstellung unbegrenzten Wachstums liegt eine ausgeprägte Technikgläubigkeit zugrunde, die insbesondere davon ausgeht, die mit dem Wirtschafts- und Verkehrswachstum verbundenen Anforderungen mit technischen Innovationen bewältigen zu können. In diesem Zusammenhang hat sich auch der Verkehr vom Mittel zur Erreichung bestimmter Zwecke, zu einem Zweck an sich verkehrt, wenn heute jene als mobil gelten, die viele Kilometer zurücklegen, egal ob sie täglich zur Arbeit pendeln oder Brötchen kaufen.

Demgegenüber befinden wir uns mit Blick auf die sich abzeichnenden gesellschaftlichen Herausforderungen am Anfang eines fundamentalen Wandels zu einer nachhaltigen Organisation des Zusammenlebens im planetaren Kontext (Charbonnier 2022). Das erfordert in mehrfacher Hinsicht einen Bruch mit dem technologisch getriebenen Paradigma des ‚Höher, Schneller, Weiter'. Zum einen ist ein erneuter Wandel des Energieregimes notwendig, diesmal von der fossilen zur postfossilen Energieversorgung. Damit besinnen wir uns auf das solarbasierte Energieregime vor der Industrialisierung und entwickeln es auf der Basis neuer Technologien weiter. Im Verkehrssektor bedeutet das die Antriebswende vom Verbrenner zum Elektromotor. Damit ist neben der Nutzung erneuerbarer Energien eine gewaltige Effizienzsteigerung verbunden, denn der Verbrennungsmotor eines Kraftfahrzeugs hat einen Wirkungsgrad von 30 %, die für den Antrieb genutzt werden können, während siebzig Prozent ungenutzt als Wärme abgegeben werden. Der Elektromotor hingegen ist es umgekehrt, er nutzt siebzig Prozent als Antriebsenergie.

Trotz dieser durch technische Innovationen eröffneten beeindruckenden Effizienzgewinne, wird damit allein keine nachhaltige Verkehrsentwicklung erreicht, wenn der aktuelle Entwicklungspfad des ‚Höher, Schneller, Weiter' fortgesetzt wird. Denn die zugelassenen Fahrzeuge wachsen seit Jahrzehnten kontinuierlich und der Trend zu immer größeren Fahrzeugen setzt sich auch bei den Elektroautos fort (Huber und Schwedes 2021). Schließlich vollzieht sich diese Entwicklung im globalen Maßstab, wo der Fahrzeugbestand seit 2015 von einer Milliarde auf 1,3 Mrd. gewachsen ist. Setzt sich der aktuelle Trend fort, könnten es 2030 schon zwei Milliarden Fahrzeuge sein (UPI 1995). Selbst wenn alle Fahrzeuge mit einem Elektromotor ausgestattet wären, was nicht zu erwarten ist, wäre zu befürchten, dass die Effizienzgewinne durch den absolut wachsenden Ressourcenverbrauch bei weitem kompensiert werden (Milovanoff et al. 2020).[1] Damit würde sich die jahrzehntelange Geschichte des Verbrennungsmotors wiederholen, der durch technische Innovationen zwar immer sparsamer wurde, dessen Einsparung durch das absolute Verkehrswachstum jedoch wieder ‚hereingefahren' wurde.[2]

Deshalb erfordert eine nachhaltige Verkehrsentwicklung, neben der technische Umstellung der Fahrzeugantriebe von fossilen auf erneuerbare Energien, zusätzlich eine Änderung unseres exzessiven Mobilitätsverhaltens. Neben den technischen Innovationen sind soziale Innovationen erforderlich, die es uns ermöglichen, unser Zusammenleben so zu organisieren, dass wir nicht mehr auf die stetig wachsenden Verkehrsmengen mit ihren kostspieligen negativen Folgen angewiesen sind. Während die Technologien für die Antriebswende vorliegen, hat sich die Einsicht in die Notwendigkeit eines sozialen Wandels ge-

---

[1] Die Grenzen der Antriebswende für eine nachhaltige Verkehrsentwicklung demonstriert Norwegen, das mit einem Anteil von Elektroautos an den Neuzulassungen von fast 90 %, als Musterland der Elektrifizierung der Autoflotte gilt (Zipper 2023). Die massive staatliche Subventionierung von Elektroautos hat dazu geführt, dass das Auto, entgegen den politischen Zielen der Regierung, auf Kosten des Umweltverbundes an Bedeutung zugenommen hat.

[2] Selten wird darauf hingewiesen, dass ein Elektroauto, abgesehen vom Erdöl, ebenfalls endliche Ressourcen benötigt, wie etwa seltene Erden zur Herstellung der Batterien. Aber auch Gummi zur Reifenherstellung, wozu rund drei Viertel der weltweiten Kautschukernte verwendet werden. Bis zum Ende des Jahrzehnts wird die Nachfrage voraussichtlich um ein Drittel steigen. Für die Kautschukplantagen werden immer größere Flächen tropischen Regenwalds gerodet wie im zentralafrikanischen Kongobecken, wobei die einheimischen Bauern oftmals vertrieben werden. Europa ist für 16 % der globalen Tropenwaldzerstörung verantwortlich. Um dieser Entwicklung zu beggenen, hat die EU 2023 eine Verordnung verabschiedet, die entwaldungsfreie Lieferketten vorschreibt. Demnach müssen die Unternehmen sicherstellen, „dass ihre Produkte nicht von seit 2021 abgeholzten, geschädigten oder degradierten Flächen stammen. Zusätzlich sollen Unternehmen zukünftig nachweisen, dass ihre Produkte im Einklang mit internationalen Menschenrechten hergestellt und die Rechte indigener Völker respektiert werden" (Tamfu und Taylor 2023).

sellschaftlich noch nicht etabliert, geschweige denn, dass schon Zukunftsvorstellungen für ein nachhaltiges gutes Leben entwickelt worden wären. Wir leben in einer Übergangsgesellschaft, in der die alten Gewissheiten zunehmend in Frage gestellt werden, ohne dass schon die Umrisse eines neuen Gesellschaftsentwurfs zu erkennen sind. Es ist auch nicht zu erwarten, dass sie plötzlich wie eine Fata Morgana am Horizont erscheinen werden, vielmehr war es immer die Aufgabe der Menschen selbst, sich darauf zu verständigen, wie sie ihr Zusammenleben gestalten wollen. Doch bevor Menschen ihr Leben in diesem Sinne selbst in die Hand nehmen, sind Geoff Mulgan (2022: 35) zufolge erfahrungsgemäß zwei Schritte notwendig: Erstens müsse ein Problembewusstsein für die aktuelle Lebenssituation vermittelt und gezeigt werden, dass gesellschaftliche Verhältnisse verändert werden können. Das sollte der historische Rückblick in die Menschheitsgeschichte demonstrieren, in dem an die gesellschaftlichen Transformationsprozesse erinnert wurde, die die Menschen in der Vergangenheit schon erfolgreich gemeistert haben.

Im zweiten Schritt, so Mulgan, müssten die bestehenden Lebensverhältnisse kritisch auf mögliche Veränderungspotentiale hin befragt werden mit dem Ziel, eine plausible Alternative zu entwickeln. Deshalb werde ich im Folgenden zunächst schildern, inwieweit unser Lebensstil von einem nicht-nachhaltigen Verkehrssystem abhängt und gleichzeitig seine Entwicklung befeuert. Dabei wird deutlich, dass es bei weitem nicht ausreicht, etwas mehr Fahrrad zu fahren und etwas weniger zu fliegen. Vielmehr geht es an das ‚Eingemachte', wie man früher im Hinblick auf die im Keller eingelagerte eiserne Lebensmittelreserve zu sagen pflegte, um darauf hinzuweisen, dass es an die Substanz geht.

Erst wenn wir uns bezüglich der nicht-nachhaltigen Verkehrsentwicklung gleichermaßen als Teil des Problems *und* der Lösung erkennen, sind wir in der Lage, eine realistische Zukunftsvorstellung von einem nachhaltigen guten Leben zu entwerfen. Da es sich dabei um eine gesamtgesellschaftliche Aufgabe handelt und es nicht einem einzelnen Wissenschaftler zukommt, einen entsprechenden Gesellschaftsentwurf vorzustellen, werden im letzten Kapitel immerhin erste Gedanken formuliert.

2.1 Entwicklungstrends moderner kapitalistischer Gesellschaften

Die modernen kapitalistischen Gesellschaften zeichnen sich bei allen Unterschieden durch gemeinsame Entwicklungstrends aus (Schröder 2013; Thelen 2014). Während diese Trends die gemeinsame Richtung vorgeben, erwirken die Menschen in den einzelnen Ländern durch ihr Handeln im vorgegebenen Korridor auf jeweils spezifische Weise unterschiedliche Entwicklungsmuster. Beispielsweise haben sich Anfang des 20. Jahrhunderts die meisten europäischen Länder dazu entschieden, die bis dahin privaten Eisenbahnunternehmen zu verstaatlichen und im Sinne des Gemeinwohls finanziell zu unterstützen. In den Vereinigten Staaten von Amerika hingegen hat man sich zur selben Zeit von der Überzeugung leiten lassen, dass es der Markt richten wird (‚the marked knows best'), woraufhin die Schienenverkehrsunternehmen den Wettbewerb mit der Straße verloren. In beiden Fällen haben daraufhin der Straßenverkehr und die individuelle Massenmotorisierung die Entwicklungsrichtung bestimmt, allerdings mit deutlich unterschiedlicher Ausprägung (Bühler und Kunert 2008). Während in den USA der Autoverkehr das Leben der Menschen bestimmt und der öffentliche Verkehr nur noch ein marginales Dasein fristet, leisten sich die europäischen Länder bis heute zumeist ein funktionierendes öffentliches Verkehrsangebot als Teil wohlfahrtsstaatlicher Aufgaben. Im Ergebnis ist in den USA der ökologische Fußabdruck im Verkehrssektor aufgrund der stärkeren Abhängigkeit der Menschen vom Auto zwar größer als etwa in Deutschland, dennoch befinden sich beide Länder gleichermaßen auf einem nicht-nachhaltigen Entwicklungspfad. Deshalb sehe ich im Folgenden von den unterschiedlichen Entwicklungsmustern ab und beschränke mich darauf, drei übergreifende strukturelle Entwicklungstrends zu beschreiben, die erklären, warum wir mit unserer Lebensweise eine nicht-nachhaltige Verkehrsentwicklung unterstützen: Differenzierung, Individualisierung und Globalisierung.

2.1.1 ‚Geteiltes Leid ist halbes Leid': Differenzierung

Eine treibende Kraft moderner kapitalistischer Gesellschaften ist der anhaltende Prozess sozialer Differenzierung (Alexander 1993). Ohne dieses für die Entwicklung moderner kapitalistischer Gesellschaften zentrale Phänomen erschöpfend zu behandeln, werde ich hier nur auf jene Dimensionen eingehen, die in engem Zusammenhang mit der Verkehrsentwicklung stehen.[3] Einen ersten Hinweis gibt bereits die Betrachtung des Begriffs. Wenn beispielsweise unser Gegenüber am Stammtisch feststellt, dass *die* Asylsuchenden so oder so sind, dann erscheint uns das zu grobschlächtig und wir plädieren für eine stärkere Differenzierung, etwa weil es *den* Asylsuchenden nicht gibt, sondern eine Vielzahl ganz unterschiedlicher persönlicher

---

[3] Eine ausführliche Ein- und Übersicht bietet Uwe Schimank (2015).

Schicksale zu unterscheiden sind etc. Der Begriff der Differenzierung bezeichnet also zunächst einen Prozess der Unterscheidung, ein zuvor eindimensionaler Gegenstand wird plötzlich als ein komplexes Gebilde erkannt, das sich aus unterschiedlichen Facetten zusammensetzt. Die *soziale* Differenzierung geht noch einen Schritt weiter, indem sie mit Blick auf die moderne kapitalistische Gesellschaft nicht nur einen analytischen Unterscheidungsprozess bezeichnet, sondern die funktionale Trennung gesellschaftlicher Teilbereiche beschreibt. Demnach zerfällt die Gesellschaft in eine Vielzahl unterschiedlicher Aufgabenbereiche, die gleichzeitig wieder miteinander verbunden werden müssen, um den gesamtgesellschaftlichen Zusammenhalt zu gewährleisten. Beispielsweise hat sich das Bildungssystem immer weiter ausdifferenziert, angefangen von der einheitlichen Dorfschule bis zu verschiedenen Schulformen und Bildungseinrichtungen mit speziellen Profilen. Dadurch ist eine segmentierte Bildungslandschaft entstanden, die von Schüler:innen nur genutzt werden kann, sofern diese in der Lage sind, täglich große Entfernungen zurückzulegen, um das gewünschte Bildungsangebot, das es nicht mehr ‚in jedem Dorf' gibt, zu erreichen. Spätestens hier wird die Bedeutung des Verkehrs für den gesellschaftlichen Zusammenhalt deutlich. Während die soziale Differenzierung einen Prozess der gesellschaftlichen Desintegration befördert, erlaubt der Verkehr durch die Reintegration den gesellschaftlichen Zusammenhalt. Im Folgenden werden drei zentrale soziale Differenzierungsprozesse vorgestellt, die unser Zusammenleben maßgeblich beeinflussen und eine umfassende Abhängigkeit von stetig wachsenden Verkehrsmengen zur Folge haben. Bevor wir darüber nachdenken können, wie wir die nicht-nachhaltige Verkehrsentwicklung verhindern können, müssen wir zunächst verstehen, wie sie mit unserer Lebensweise zusammenhängt.

Arbeitsteilung
Wenn es richtig ist, dass die Wirtschaft eine wesentliche Grundlage für unser gesellschaftliches Zusammenleben bildet, dann ist die Arbeitsteilung womöglich die zentrale Triebkraft sozialer Differenzierung. So jedenfalls sah es der Universalgelehrte der schottischen Aufklärung, Adam Smith, der schon in der zweiten Hälfte des 18. Jahrhunderts erkannte, welche Bedeutung die Arbeitsteilung für den Wohlstand seines Landes bekommen würde. Das kapitalistische Wirtschaftssystem hatte sich noch nicht etabliert und Smith beobachtet die Anfänge systematischer Arbeitsteilung in den Manufakturen seiner Zeit, die die Vorläufer der großen Industriebetriebe des 19. Jahrhunderts bilden sollten. Die verblüffenden Effekte der Arbeitsteilung demonstriert Smith an dem vielzitierten und bis heute eindrücklichen Beispiel der Stecknadelproduktion:

„Ein Arbeiter, der noch niemals Stecknadeln gemacht hat und auch nicht dazu angelernt ist, so dass er auch mit den dazu eingesetzten Maschinen nicht vertraut ist, könnte, selbst wenn er fleißig ist, täglich höchstens eine, sicherlich aber keine zwanzig Nadeln herstellen.

Aber so, wie die Herstellung von Stecknadeln heute betrieben wird, zerfällt sie in eine Reihe getrennter Arbeitsgänge, die zumeist zur fachlichen Spezialisierung geführt haben. Der eine Arbeiter zieht den Draht, der andere streckt ihn, ein dritter schneidet ihn, ein vierter spitzt ihn zu, ein fünfter schliff das obere Ende, damit der Kopf gesetzt werden kann. Auch die Herstellung des Kopfes erfordert zwei oder drei getrennte Arbeitsgänge. Das Ansetzen des Kopfes ist eine eigene Tätigkeit, ebenso das Weißglühen der Nadel, ja selbst das Verpacken der Nadeln ist eine Arbeit für sich. Um eine Stecknadel anzufertigen, sind somit etwa 18 verschiedene Arbeitsgänge notwendig, die in einigen Fabriken jeweils verschiedene Arbeiter besorgen, während in anderen ein einzelner zwei oder drei davon ausführt.

Ich selbst habe eine kleine Manufaktur dieser Art gesehen, in der nur 10 Leute beschäftigt waren, so dass einige von ihnen zwei oder drei solcher Arbeiten übernehmen mussten. Obwohl sie nun sehr arm und nur recht und schlecht mit dem benötigten Werkzeug ausgerüstet waren, konnten sie zusammen am Tage doch etwa 12 Pfund Stecknadeln fertigen […], etwa 48.000 Nadeln. Hätten sie indes alle einzeln und unabhängig voneinander gearbeitet, noch dazu ohne besondere Ausbildung, so hätte der einzelne gewiss nicht einmal 20, vielleicht sogar keine einzige Nadel am Tag zustande gebracht"
(Smith 1776: 9 f.).

Durch die arbeitsteilige Differenzierung von Produktionsabläufen konnte die Produktivität enorm erhöht und im Ergebnis der gesellschaftliche Reichtum gesteigert werden. Adam Smith erkannte, dass die Steigerung des gesellschaftlichen Reichtums ein starkes individuelles Handlungsmotiv sei, das die zukünftige gesellschaftliche Entwicklung bestimmen würde. Mit dem Manufakturbetrieb hatte Smith zugleich einen mit der arbeitsteiligen Differenzierung einhergehenden Prozess der räumlichen Differenzierung im Blick. Die ursprüngliche Produktion unter einem Dach verlagerte sich im Zuge der arbeitsteiligen Ausdifferenzierung zunehmend auf verschiedene Standorte, zu denen sich die Arbeitskräfte hinbewegen mussten (Abb. 2.1). Während die Manufakturen anfangs noch stark lokal verortet waren, erweiterte sich das Einzugsgebiet der großen Industriebetriebe in dem Maße auf die Region, wie sich der Eisenbahnverkehr entwickelte und die Arbeitskräfte mit den Produktionsstätten wie auch die Produktionsstätten untereinander verband. Mittlerweile hat sich die arbeitsteilige Ausdifferenzierung über die nationalen Grenzen hinweg im globalen Maßstab etabliert. Die Produktion der deutschen Automobilindustrie

Abb. 2.1 Produktion unter einem Dach. (Quelle: © akg-images/picture alliance)

beispielsweise ist auf Zulieferbetriebe in der ganzen Welt angewiesen, die über globale Logistikketten mit den deutschen Produktionsstandorten verbunden sind (van Laak 2018). Wie sehr wir von den weltweiten Verkehrsströmen abhängig sind, wird vor allem dann deutlich, wenn sie versiegen, wie im Fall der Schiffshavarie im Suezkanal, die den gesamten Welthandel empfindlich traf, oder dem Angriffskrieg Russlands gegen die Ukraine, der die weltweite Getreideversorgung traf und zu regionalen Ernährungskrisen führte (Dommann 2023).

Wie stark unser persönlicher Lebensstil durch die globalen Verkehrsflüsse gespeist wird, verdeutlicht der Blick auf ein beliebiges von uns genutztes Produkt. Zu Beginn der 1990er Jahre war es der später vielzitierte Joghurtbecher, den Stefanie Böge (1992) daraufhin untersucht hatte, wie viele Kilometer er zurücklegt, bevor er bei uns im Supermarktregal steht. Dazu hat sie den in Stuttgart produzierten Joghurtbecher in seine Bestandteile zerlegt und recherchiert, wo diese herkommen bzw. wie viele Kilometer sie bis zum Herstellungsort zurücklegen müssen. Die Bakterienkulturen stammten beispielsweise aus Schleswig–Holstein (917 km) und die Erdbeeren wurden von Polen zunächst nach Aachen, dann nach Stuttgart transportiert

(1246 km). Zusammen mit Milch, Zucker, Glasbecher, Aluminiumdeckel, Etikettenleim bis hin zu den Vertriebskilometern zum Supermarkt kam Böge schließlich auf über 9000 km. Umgerechnet auf einen einzigen Joghurtbecher fuhr ein LKW demnach 14,2 m, bis das Produkt bspw. in München in einem Supermarktregal stand. Dabei wurden seinerzeit 0,006 L Diesel verbrannt, allein bei dem Jahrestransport der Zutaten entstanden 500 Kilo Stickoxide, 35 Kilo Ruß und 32,5 Kilo Schwefeldioxid.

Diese Entwicklung arbeitsteiliger Ausdifferenzierung, die zur räumlichen Verlagerung der Erstellung von Vorprodukten führt und umfangreiche Zuliefertransporte erfordert, um sie am Produktionsstandort wieder zusammenzuführen, hat sich in den letzten dreißig Jahren im globalen Maßstab fortgesetzt (Helmhold 2021). Ein den meisten Leser:innen wahrscheinlich vertrautes Produkt, dessen Weg über den gesamten Erdball gut dokumentiert ist und das die aktuelle Situation exemplarisch für viele von uns alltäglich genutzte Produkte wiedergibt, ist die Fleeceweste (Korn 2017). Ihr Weg beginnt mit der Produktion des Erdöls in den Vereinigten Arabischen Emiraten, das den Grundstoff für die Kunstfasern bildet, aus denen die Fleeceweste gefertigt wird. Das Erdöl wird von Dubai aus mit vierhundert Meter langen Tankern nach Bangladesch transportiert, wo es in Raffinerien zunächst zu Polyethylen verarbeitet wird, aus dem die Polyesterfäden für den Fleece der Westen gefertigt werden. Der Fleecestoff wird dann noch vor Ort von Näherinnen zu Westen verarbeitet, bevor die fertigen Westen vom Hafen von Chittagong mit einem der weltweit 5400 Containerschiffe zunächst nach Singapur transportiert werden. Im Hafen von Singapur werden Container aus den asiatischen Ländern umgeschlagen und dann in alle Weltregionen transportiert. Mit rund 160 Mio. Containern wird auf diese Weise 90 % des weltweiten Warentransports durchgeführt (Levinson 2016). Das Containerschiff mit den Fleecewesten für Deutschland beliefert auf seinem Weg durch den Suezkanal, das Mittelmeer und die Meerenge von Gibraltar bis nach Hamburg auch Saudi-Arabien und Ägypten, Spanien, England und die Niederlande. Insgesamt haben die Westen dann 25.000 km zurückgelegt, wobei die Transportkosten für eine Fleeceweste mit wenigen Cent weit unter einem Prozent des Endpreises liegen.

Wohnstandortwahl
Neben der Arbeitsteilung hat auch die Wohnstandortentscheidung privater Haushalte die räumliche Ausdifferenzierung befördert und im Ergebnis das Verkehrsaufkommen stark befeuert. Den Katalysator für diese Entwicklung bildete die Verfügbarkeit über einen privaten Pkw, den sich seit Ende des Zweiten Weltkriegs immer größere Teile der Bevölkerung leisten konnten. Das eigene Auto verband sich schließlich mit dem Traum vom Eigenheim zu einer neuen Lebensform, die sich seitdem von den Rändern der Metropolen in immer weiter ausufernde Siedlungsräume ergießt (Polster und Voy 1993; Bruegmann 2005).

Bis heute ist der Eigenheimboom mit rund 90.000 Einheiten im Jahr ungebrochen und ein wesentlicher Treiber für die tägliche Flächeninanspruchnahme von 56 Hektar (Wang 2020), womit in Deutschland jeden Tag rund 80 Fußballfelder in Siedlungs- und Verkehrsflächen umgewandelt werden (UBA 2021). Diese ständig wachsenden dispersen Räume können zumeist nur mit dem Auto erschlossen werden und führen dazu, dass immer mehr Menschen immer größere Distanzen zurücklegen müssen, sei es um täglich zur Arbeit zu gelangen oder den Alltag vor Ort zu bewältigen (Horn-Effenberger 2024) (Abb. 2.2).

2 Die Übergangsgesellschaft 61

Abb. 2.2 Zersiedelung. (Quelle: Hansueli Krapf, https://commons.wikimedia.org/wiki/File:Aerials_Bavaria_16.06.2006_10-59-16.jpg, „Aerials Bavaria 16.06.2006 10-59-16", https://creativecommons.org/licenses/by-sa/3.0/legalcode)

Funktionstrennung

Schließlich sei noch die schon eingangs im Zusammenhang mit dem Bildungssystem erwähnte funktionale Differenzierung erwähnt, mit der die Trennung unterschiedlicher gesellschaftlicher Funktionsbereiche beschrieben wird. Ebenso wie die Produktion unter einem Dach sich durch die arbeitsteilige Ausdifferenzierung aus den lokalen Bezügen gelöst hat und die verschiedenen Produktionsstandorte durch Verkehrsnetze wieder miteinander verbunden werden mussten, hat sich auch das ursprünglich mit der Dorfschule lokal verortete Bildungssystem funktional ausdifferenziert und räumlich entsprechend ausgedehnt. Wenn mein Kind auf eine Schule gehen soll, die sich auf eine naturwissenschaftliche Ausbildung spezialisiert hat, ist das unter Umständen mit längeren Anfahrtswegen verbunden, da es die speziellen Angebote, anders als die Dorfschule, nicht mehr im näheren Wohnumfeld gibt.

Das Gleiche gilt für bestimmte Studiengänge, auf die sich Hochschulen spezialisiert haben und zu denen man sich gegebenenfalls regelmäßig auf den Weg macht. Oder man entscheidet sich für einen Umzug, in dem Fall bleiben oftmals soziale Bezüge zurück, die man dann von dem neuen Wohnstandort aus regelmäßig aufsucht. Immer öfter orientieren sich Studierende sogar an speziellen Bildungsangeboten im Ausland.

Die hier anhand des Bildungssystems aufgezeigte Ausdifferenzierung ließe sich für viele weitere gesellschaftliche Funktionsbereiche zeigen, wie etwa das Gesundheitssystem. Aktuell wird über eine Krankenhausreform diskutiert, wo es um die Frage geht, ob Krankenhäuser, insbesondere in ländlich geprägten Räumen, zukünftig noch ein breites medizinisches Angebot vorhalten, oder ob sich die Krankenhauslandschaft stärker ausdifferenzieren soll. So wird darüber nachgedacht, ob medizinische Angebote, die auf teure Technik angewiesen sind, nur noch in bestimmten, zentral gelegenen Krankenhäusern angeboten werden sollen. Das setzt voraus, dass sich die Menschen dorthin auf den Weg machen müssen, der voraussichtlich deutlich länger sein wird als bisher. Auch in diesem Fall, wie bei allen anderen geschilderten Differenzierungsprozessen, handelt es sich nicht um einen Naturprozess, vielmehr sind die Arbeitsteilung, die Wohnstandortentscheidungen wie auch die funktionale Differenzierung, Ergebnisse von Entscheidungen, die Menschen zuvor getroffen haben, und Handlungen, die sich daraus ergeben. Im Falle der Krankenhausreform wird jetzt abgewogen, was die Gesellschaft günstiger kommt, ein teures flächendeckendes Krankenhausangebot oder ein höheres Verkehrsaufkommen mit den entsprechenden Folgekosten.

Der Prozess der funktionalen Differenzierung bzw. Funktionstrennung moderner kapitalistischer Gesellschaften hat mit der *Charta von Athen* schon Anfang des 20. Jahrhun-

2 Die Übergangsgesellschaft 63

Abb. 2.3 Moderner Städtebau. (I, Stephan117, https://commons. wikimedia.org/wiki/File:Neubaugebiet_Hohenschönhausen.JPG, „Neubaugebiet Hohenschönhausen", https://creativecommons. org/licenses/by-sa/3.0/legalcode)

derts programmatisch Eingang in die Stadtplanung gefunden (Hilpert 1988). In ihr hatte der Architekt und Stadtplaner Le Corbusier (1887–1965) das Prinzip der funktionalen Trennung von Wohnen, Arbeiten, Freizeit und Verkehr formuliert. Ähnlich wie seinerzeit Adam Smith das Phänomen der Arbeitsteilung erkannte, als es sich noch in den Anfängen befand, sah Le Corbusier die funktionale Ausdifferenzierung voraus. Mit seinem Planungskonzept, das nach dem Zweiten Weltkrieg handlungsleitend für den modernen Städtebau wurde, hat er diesen Entwicklungstrend zweifellos vorangetrieben. Daraufhin entstanden reine Wohnsiedlungen neben Gewerbegebieten und davon wiederum getrennten Freizeiteinrichtungen, die alle durch das seinerseits eigenständige Funktionssystem Verkehr miteinander verbunden wurden (Abb. 2.3).

Das Planungskonzept der *Charta von Athen* geriet seit den 1970er Jahren insbesondere aufgrund der wachsenden Verkehrsprobleme als Ergebnis der funktionalen Trennung zunehmend in die Kritik, bevor sie 2007 von der *Leipzig Charta* zur nachhaltigen europäischen Stadt abgelöst wurde. Mit der *Leipzig Charta* verpflichten sich die europäischen Mitgliedsländer zu einer integrierten Stadtentwicklungspolitik, die sich gegen die funktionale Trennung wendet und stattdessen an dem historischen Erbe der kompakten Europäischen Stadt anknüpft:

„Unsere Städte verfügen über einzigartige kulturelle und bauliche Qualitäten, große soziale Integrationskräfte und außergewöhnliche ökonomische Entwicklungschancen. Sie sind Wissenszentren und Quellen für Wachstum und Innovation. Zugleich sind in unseren Städten aber auch demografische Probleme, soziale Ungleichheit, Ausgrenzung bestimmter Bevölkerungsgruppen, ein Bedarf an preisgünstigen und geeigneten Wohnungen und Umweltprobleme erkennbar. Auf Dauer können die Städte ihre Funktion als Träger gesellschaftlichen Fortschritts und wirtschaftlichen Wachstums im Sinne der Lissabon-Strategie nur wahrnehmen, wenn es gelingt, die soziale Balance innerhalb und zwischen den Städten aufrechtzuerhalten, ihre kulturelle Vielfalt zu ermöglichen und eine hohe gestalterische, bauliche und Umweltqualität zu schaffen" (BMUB 2007: 2).

Damit drückte die *Charta von Leipzig* schon vor fünfzehn Jahren zweifellos ein Problembewusstsein aus, ohne dass sich jedoch schon signifikante Veränderungen abzeichnen, wie anhand der dispersen Raumentwicklung und der fortschreitenden Flächeninanspruchnahme gezeigt wurde. In Anbetracht der geschilderten Entwicklungsdynamiken und der daraus entstandenen unser alltägliches Leben bestimmenden Abhängigkeiten stellt sich die Frage, wie realistisch es ist, dass wir unser Leben neu organisieren, um mit diesen nicht-nachhaltigen Trends zu brechen. Können und wollen wir Arbeitsteilung neu organisieren, so dass sie nicht auf ein ständiges Verkehrswachstum angewiesen ist, oder fürchten wir uns vor Wohlstandsverlusten? Können und wollen wir uns aus der Abhängigkeit vom privaten Pkw befreien, indem wir die Symbiose mit dem Eigenheim aufgeben, oder wollen wir das Leben im Eigenheim nicht aufgeben? Können und wollen wir die Funktionstrennung zugunsten einer integrierten Stadtentwicklungspolitik ersetzen oder sehen wir uns einer übermächtigen Entwicklungslogik gegenüber?

2.1.2 ‚Der Einzige und sein Eigenheim': Individualisierung

Ein zweiter Entwicklungstrend moderner kapitalistischer Gesellschaften beschreibt die Befreiung der Menschen aus den vormals engen Nahbeziehungen, in denen ihr Leben durch gemeinsame Werte und Normen geprägt war und deren Einhaltung durch eine alltägliche soziale Kontrolle in der Familie, der Nachbarschaft und der Gemeinschaft garantiert wurde (Berger und Hitzler 2010). Im Zuge der Industrialisierung und Urbanisierung wanderten immer mehr Arbeitskräfte vom Land in die wachsenden Metropolen, wo sie auf sich allein gestellt und gezwungen waren, ihr Leben selbst in die Hand zu nehmen. Das führte einerseits zu großen sozialen Verwerfungen und prekären Lebensverhältnissen, andererseits war es für Teile der Stadtbewohner:innen möglich, neue Lebensformen zu entwickeln, die in den traditionellen sozialen Verhältnissen auf dem Land verboten waren oder moralisch nicht akzeptiert wurden. In den großen Städten war es für Frauen möglich, sich von der Bevormundung durch Männer zu

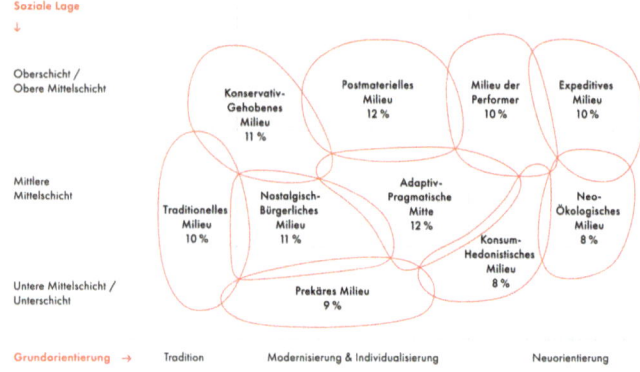

Abb. 2.4 Die Sinus-Milieus in Deutschland 2021. (Quelle: Sinus-Milieus 2023)

emanzipieren und ein eigenständiges Leben zu führen. Auch neue Formen sexueller Orientierung konnten hier offen gelebt werden. Insgesamt sahen sich immer mehr Menschen in der Lage, ihr Leben nach eigenen Vorstellungen zu gestalten und einem individuellen Lebensentwurf zu folgen. Während die Arbeitsteilung zur Auflösung der Produktion unter einem Dach führte, trug die Individualisierung dazu bei, dass die alten Werte und Normen ihre einseitig handlungsleitende Kraft einbüßten und sich eine vielfältige Wertorientierung entwickelte.

Der automobile Lebensstil

Die Bevölkerung moderner kapitalistischer Gesellschaften setzt sich heute aus verschiedenen sozialmoralischen Milieus zusammen (Abb. 2.4). Anders als in der Vergangenheit sind die Wertorientierungen weder deckungsgleich mit dem sozioökomischen Status noch lassen sie sich im Spannungsfeld von Tradition und Neuorientierung klar voneinander abgrenzen, vielmehr liegen sie quer zu den traditionellen Grenzziehungen und überlagern sich wechselseitig. Mehr noch, wenn man früher in soziale Verhältnisse hineingeboren wurde und dort zumeist sein Leben lang blieb, kann heute dieselbe Person im Lebensverlauf die sozialen Milieus auch mehrfach wechseln. Sie könnte beispielsweise im traditionellen Milieu eines Pfarrhaushalts geboren werden, sich als Studierende im neo-ökologischen Milieu bewegen, bevor sie nach dem Studium eine steile Karriere verfolgt und von da an dem Milieu der Performer angehört.

Auf der vielgestaltigen Grundlage sozialmoralischer Milieus erfolgte eine Pluralisierung individueller Lebensstile. Dabei bildete die Automobilisierung mit ihrer neuen Form der ‚Selbstbeweglichkeit' sowohl eine treibende Kraft wie auch ein Medium, in dem der individuelle Lebensstil ausgedrückt werden konnte (Schmidt 2018). Kaum ein anderes technisches Artefakt bietet dem Nutzenden so viele Möglichkeiten, die Ausstattung den individuellen Bedürfnissen entsprechend anzupassen, angefangen mit der Wahl der Automarke über die ästhetische Ausstattung und die technischen Spezifikationen bis hin zur persönlichen Musik und dem Duftbäumchen. In der Folge hat sich das Auto als selbstverständlicher Bestandteil eines individuellen Lebensstils etabliert, der oftmals durch eine emotionale Beziehung getragen wird (Sachs 1990). Heute empfinden deshalb die meisten Menschen die Kritik am privaten Pkw als einen Angriff auf den persönlichen Lebensentwurf.

Der automobile Lebensstil verband sich nach dem Zweiten Weltkrieg in Deutschland, wie im Zusammenhang mit der Wohnstandortwahl schon erwähnt, mit dem Eigenheim im Grünen, zu einer symbiotischen Lebensform. Spiegelbildlich zum Auto-Mobil, bildete die Immobilie Eigenheim das passende, sich wechselseitig bedingende Äquivalent der individualisierten Moderne (Fischman 1987). Und ebenso wenig wie die Auto-Mobilität der natürliche Ausdruck moderner kapitalistischer Gesellschaften ist, handelt es sich bei dem Eigenheim um die von allen Menschen gleichermaßen erträumte Wohnform. Der französische Soziologe Pierre Bourdieu hat mit Blick auf ‚den Einzigen und sein Eigenheim' gezeigt, dass die Entscheidung dafür, Eigentümer:in zu werden oder zur Miete zu wohnen, jeweils von der spezifischen sozialen Figuration abhängt. Ihm zufolge sind die wichtigsten Faktoren, die die Wohnungsfrage bestimmen: „das ökonomische, das kulturelle, das technische Kapital, Struktur und Zusammensetzung des Gesamtkapitals, der soziale Werdegang, Alter, Familienstand, die Position im Familienkreis, Anzahl der Kinder etc." (Bourdieu 1998: 135 f.).

Ein Vergleich der Wohneigentumsquoten in Europa zeigt große Unterschiede zwischen den Mitgliedsländern, von 40 % in Deutschland bis zu 80 % in Spanien, die nicht nahelegen, dass der Mensch, womöglich geprägt vom Leben in der Höhle, immer schon das Eigenheim als seine ureigenste Wohnform gesucht hat. Das demonstriert auch die Schweiz, die mit 36 % die niedrigste Wohneigentumsquote aller europäischen Länder hat. Bei der Suche nach den Gründen insbesondere für die niedrigen Eigentumsquoten in Ländern wie der Schweiz und Deutschland, wo sich die Bevölkerung eher Wohneigentum leisten könnte als in Spanien, kommen Karin Behring und Ilse Helbrecht zu dem Ergebnis, dass ein öffentlich regulierter Wohnungsmarkt den entscheidenden Unterschied macht.

> „Niedrige Eigentümerquoten werden deshalb vorwiegend in jenen Ländern erreicht, in denen der Staat auf gesamtgesellschaftlicher Ebene dem Einzelnen genügend Absicherung bietet. Der Mieterschutz ist Teil der sozialstaatlichen Sicherung, die es dem Individuum ermöglicht, ein gesichertes Dasein als Mieter zu führen. Die Herstellung stabiler Mietwohnungsmärkte kann entweder durch die

Herausbildung eines großen, frei finanzierten Sektors mit einem ausgeprägten rechtlichen Mieterschutz (Schweiz) oder auch durch umfangreichen öffentlichen bzw. öffentlich geförderten Wohnungsbau erfolgen (Niederlande, Österreich)" (Behring und Helbrecht 2002: 183).

Der Mensch hat also mit dem Eigenheim nicht etwa seine natürliche Behausung gefunden, vielmehr scheint der Wunsch nach einer sicheren Bleibe ein starkes Grundbedürfnis zu sein. Wenn dies durch eine günstige Miete von der öffentlichen Hand verlässlich gewährleistet wird, zieht es selbst die besonders betuchte Schweizerin nicht ins Wohneigentum. Damit bestätigen Behring und Helbrecht nachträglich Bourdieu, der seinerzeit vermutet hat, dass der Wohnungsmarkt nicht nach reinen Marktgesetzen funktioniert, sondern sozial konstruiert ist und der Staat dabei eine zentrale Rolle spielt.

„Man darf nämlich nicht vergessen, dass die staatlichen Instanzen – und diejenigen, die in der Lage sind, über sie ihren Willen durchzusetzen – insbesondere über alle möglichen Formen der Reglementierung und der Finanzhilfe mit dem Ziel, diese oder jene Art der Geschmacksverwirklichung in Sachen Wohnen zu begünstigen, Unterstützung von Privatpersonen, etwa durch Darlehen, Steuerbefreiungen, billige Kredite etc., oder von Herstellern, sehr stark dazu beitragen, *den Zustand des Wohnungsmarktes zu produzieren,* d. h. Angebot und Nachfrage von Bauland und neuen und alten Wohnungen, Einfamilien- und Mehrfamilienhäusern etc., und zugleich die Gestalt, die er je nach Region und Ballungsgebiet annimmt" (Bourdieu 1998: 157).

Die Symbiose von Automobilismus und Eigenheim ist also kein zwingend notwendiges Ensemble moderner Gesellschaften, vielmehr ist es das Ergebnis gut nachvollziehbarer politischer Entscheidungen in unterschiedlichen sozialen Kontexten. Ein wesentlicher Unterschied zu der Zeit, als die politischen Entscheidungen für das Leben im Eigenheim im Grünen getroffen wurden, besteht heute darin, dass der Anspruch einer nachhaltigen Entwicklung auf der politischen Agenda steht und an gesellschaftlicher Relevanz zunimmt.

Seit Jahren äußert sich die Mehrheit der deutschen Bevölkerung positiv zu Maßnahmen, die eine nachhaltige Entwicklung befördern (Grier et al. 2021). Auch in der jüngsten repräsentativen Untersuchung zum Umweltbewusstsein der deutschen Bevölkerung befürworten über 90 % einen umwelt- und klimafreundlichen Umbau der deutschen Wirtschaft (UBA 2023). Dieses breite Problembewusstsein bezüglich einer nicht-nachhaltigen Entwicklung, von der in der Vergangenheit vor allem die entwickelten Industrieländer profitiert haben, sowie die Einsicht, dies ändern zu müssen, stehen im Kontrast zu den starken Widerständen jedes Einzelnen, sein persönliches Verhalten zu ändern. Das gilt auch für den Verkehrssektor und zeigt sich besonders deutlich, wenn es um das beliebteste und am meisten genutzte Verkehrsmittel geht, das Auto. Auch die meisten Autofahrer:innen wissen, dass es sich bei dem privaten Pkw um das am wenigsten nachhaltige Verkehrsmittel handelt, dennoch können sich die wenigsten vorstellen, auf das Auto zu verzichten, und können zumeist gute Gründe dafür anzuführen.

Das Automobil steht wie kaum ein anderes Produkt für die moderne kapitalistische Gesellschaft (Flink 1990). Zum einen verband die bundesdeutsche Bevölkerung nach dem Zweiten Weltkrieg mit dem privaten Pkw ein Wohlstandsversprechen, das schließlich ein fester Bestandteil des ‚Wirtschaftsmärchens' wurde (Herrmann 2019). Darüber hinaus repräsentierte das Auto in Deutschland den ‚American Way of Life', eine freie Gesellschaft, in der jeder Einzelne sein Leben selbst gestaltet. Der private Pkw war

Ausdruck individueller Mobilität und verband sich im Bewusstsein der deutschen Bevölkerung mit dem Versprechen persönlicher Freiheit. Das Gegenmodell bildete dementsprechend der öffentliche Kollektivverkehr, der autoritären Gesellschaften wie dem Nationalsozialismus oder dem real existierenden Sozialismus zugerechnet wurde.[4]

Der private Pkw entwickelte sich im Selbstverständnis der Menschen zunehmend zu einem Vehikel individueller Mobilitätsstile (Götz 2016). Inwieweit sich die mit dem Auto verbundenen Versprechen von Wohlstand, persönlicher Freiheit und Selbstverwirklichung erfüllt haben, soll hier nicht weiter diskutiert werden. Unbestreitbar ist jedoch, dass der private Pkw für die meisten Menschen bis heute handlungsleitend ist und sie ihr Leben zumeist mit dem ‚Auto im Kopf' planen (Knie 2005).

Wandel von privaten Lebensformen

Mit dem Bedeutungsverlust etablierter kollektiver Werte und Normen zugunsten individueller Wertorientierungen gerieten bis dahin anerkannte Formen gesellschaftlichen Zusammenlebens unter Druck. Im ersten Schritt wurde die traditionelle Großfamilie von der bürgerlichen Klein- bzw. ‚Normalfamilie' abgelöst, die nach dem Zweiten Weltkrieg zunächst die dominante Lebensform bildete. Seitdem hat ein Rückgang der Heiratsneigung in Verbindung mit einer gesteigerten Scheidungsrate dazu geführt, dass sowohl nichteheliche Lebensgemeinschaften (6 %) wie auch die Zahl der Alleinerziehenden (6 %) zugenommen haben. Zudem ist die Zahl kinderloser Ehen auf 23 % gestiegen. Schließlich ist auch der Anteil der Al-

---

[4] In den USA bezeichnen viele Republikaner die Eisenbahn als sozialistisches Verkehrsmittel und verweigern regelmäßig die Finanzierung notwendiger Modernisierungsmaßnahmen (Werner 2015).

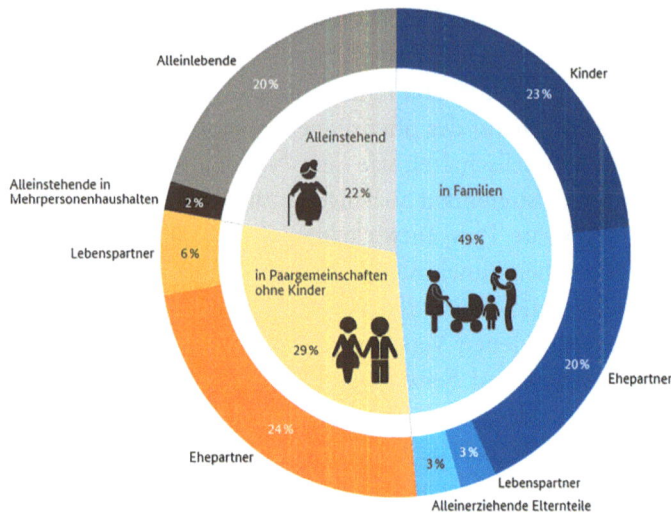

Abb. 2.5 Bevölkerung nach Lebensformen 2020. (Quelle: Demografie Portal (2023) (Datenquelle: Statistisches Bundesamt; Berechnungen: Bundesinstitut für Bevölkerungsforschung. Bildlizenz: CC BY-ND 4.0, Bundesinstitut für Bevölkerungsforschung 2021))

leinlebenden und ‚Singles' mit 22 % deutlich gewachsen. Diese Entwicklung ging auf Kosten der ‚Normalfamilie', in der im Jahr 2010 das erste Mal weniger als die Hälfte der Bevölkerung lebten (Abb. 2.5).

In den neuen Lebensformen sind die Menschen in wachsendem Maße darauf angewiesen, sich auf den Weg zu machen. Während im Falle der Großfamilie, wo mehrere Generationen in einem Haushalt gelebt haben, jeder Versorgungsweg mit einem starken Bündelungseffekt verbunden war, werden im Falle der bürgerlichen Kleinfamilie schon deutlich weniger Menschen erreicht. Mit anderen Worten, um die vielen Kleinfamilien zu versorgen, müssen mehr Wege unternommen werden als bei der Versorgung weniger Großfamilien, das Verkehrsaufkommen steigt. In dem Maße, wie die Pluralisierung der privaten Lebensformen voranschreitet, ist dies mit einem zusätzlichen Verkehrsaufkommen verbunden. Das gilt für Alleinerziehenden-Haushalte wie auch für getrennte Paare, die die Kinder gemeinsam aufziehen möchten. Insbesondere Letztere sind auf zusätzliche Wege zwischen den beiden Haushalten angewiesen, um die Kinder regelmäßig von dem einen Elternteil zum anderen zu transportieren. Im Falle von größeren Distanzen haben die Deutsche Bahn und die Lufthansa auf bestimmten Strecken Betreuungsangebote für Kinder eingerichtet, die zwischen ihren Eltern pendeln (Schier 2016).

Auch Alleinlebende und ‚Singles' sehen sich mit verkehrlichen Herausforderungen konfrontiert, um ihr Leben zu organisieren, wobei sich die beiden Lebensformen einerseits darin gleichen, dass es sich um Einpersonenhaushalte handelt, deren Versorgung ebenso viele Wege erfordert wie eine Kleinfamilie, aber nur eine Person erreicht. Andererseits unterscheiden sich die Alleinlebenden von den ‚Singles' oftmals darin, dass sie zwar Wert auf ihren eigenen Haushalt legen, aber dennoch eine Beziehung führen, wobei der/die Partner:in ihrerseits den eigenen Haushalt nicht aufgeben möchte (‚living apart together'). Das hat zur Folge, dass sich regelmäßig der eine oder die andere auf den Weg machen muss, um sich zu treffen, wenn sich beide nicht in der Mitte verabreden (Hilti 2013). Im Vergleich zu einem gemeinsamen Haushalt sind das zusätzliche Wege, die innerhalb einer Stadt unternommen werden, zwischen zwei Städten oder sogar Ländergrenzen überschreiten (Duchêne-Lacroix 2011; Schmidt-Kallert 2011).

Damit wurde nur ein Ausschnitt neuer komplexer Mobilitätsmuster beschrieben, die aus individuellen Vorlieben resultieren und in den letzten Jahren verstärkt von der Wissenschaft unter dem Begriff der Multilokalität erforscht wurden (Rolshoven und Winkler 2009; Petzold 2013). Demnach entscheiden sich Menschen in bestimmten Lebensphasen, ihren Alltag zwischen mehreren Standorten zu organisieren. Die Motive dafür, sich auf eine multilokale Lebensweise einzustellen, können ganz unterschiedlich sein, sie reichen von beruflichen Zielen über persönliche Präferenzen bis zu biografischen Ereignissen (Reuschke 2013; Hille 2022). Beispielsweise kann die berufliche Orientierung der Partner:innen dazu führen, dass sie an unterschiedliche Orten leben und von dort aus ihr Alltagsleben organisieren ('Shuttles'), oder sie entscheiden sich aufgrund unvereinbarer individueller Vorliebe gegen einen gemeinsamen Haushalt. Schließlich kann eine Trennung dazu führen, dass die gemeinsame Erziehung der Kinder räumlich neu organisiert werden muss. Um die persönlichen Lebensentwürfe umzusetzen und routinisierte multilokale Mobilitätsmuster zu etablieren, entwickeln sie spezifische Bewältigungsstrategien.

Die individuell motivierten Lebensentwürfe lassen sich nur selten klar von den zuvor beschriebenen strukturellen Differenzierungsprozessen unterscheiden, vielmehr greifen sie ineinander und verstärken sich in ihren Wirkungen wechselseitig. Demensprechend schwierig ist es, jeweils Ursache und Wirkung bestimmter gesellschaftlicher Entwicklung zu bestimmen. Sind die multilokalen Lebensformen der Ausdruck individueller Lebensentwürfe oder laufen die Menschen den Prozessen arbeitsteiliger Ausdifferenzierung hinterher? Entscheiden sich die Menschen in modernen kapitalistischen Gesellschaften bewusst für multilokale Lebensweisen, die auf komplizierte Mobilitätsmuster angewiesen sind und ihnen aufwendige Strategien der Alltagsbewältigung abverlangen? Genießen die Menschen ihre individuelle Selbstbeweglichkeit, wenn sie täglich mit dem privaten Pkw zwei Stunden zwischen dem Wohnort und der Arbeit pendeln?

Am Ende kreisen alle Fragen um das Verhältnis von Aufwand und Ertrag bzw. darum, wie viel Verkehr ich für ein gutes Leben benötige. Dabei wird der enge Zusammenhang von wachsenden Verkehrsmengen und unserem Lebensstil in dem Maße problematisiert, wie allen Beteiligten zunehmend die negativen Folgen einer nichtnachhaltigen Verkehrsentwicklung vor Augen stehen. Während der Verkehr bis heute vermeintlich billig ist, weil seine gesellschaftlichen Folgekosten nicht mitberechnet werden, steigt sein Preis unter Maßgabe einer nachhaltigen Verkehrsentwicklung deutlich. Damit ändert sich die volkswirtschaftliche Gesamtrechnung und im Ergebnis verschiebt sich aufgrund der wachsenden gesellschaftlichen Folgekosten das Verhältnis von Aufwand und Ertrag. Seit mehr als dreißig Jahren zeigen die Berichte des *Zwischenstaatlichen Ausschusses für Klimaänderungen* (IPCC 2023), dass die Kosten unseres verkehrsexzessiven Lebensstils in keinem angemessenen Verhältnis mehr zu seinem gesellschaftlichen Nutzen stehen.

Wenn es richtig ist, dass technische Innovationen, wie das Elektroauto, allein nicht ausreichen werden, um eine nachhaltige Verkehrsentwicklung zu erreichen, dann muss darüber nachgedacht werden, ob wir unser Leben so ändern können, dass wir zukünftig weniger auf Verkehr angewiesen sind. Vorher soll aber auf einen weiteren Entwicklungstrend moderner kapitalistischer Gesellschaften eingegangen werden, von dem wir abhängig sind und der weitreichende verkehrliche Auswirkungen hat.

2.1.3 ‚Die Welt als Dorf': Globalisierung

Seit der Auflösung der Sowjetunion und des sogenannten Ostblocks sind alle Regionen der Erde in den kapitalistischen Weltmarkt integriert (Conert 2002). Die Globalisierung, wie wir sie aktuell erleben, wird meist als eine von der Wirtschaft vorangetriebene Erfolgs- und Fortschrittsgeschichte erzählt, wonach heute alles besser ist als in der Vergangenheit und es zukünftig nur noch besser werden kann (Bhagwati 2004). Der Archäologe und Historiker Ian Morris hat diese Perspektive in seiner großen Menschheitsgeschichte „Wer regiert die Welt?" prominent zusammengefasst:

> „Immer wieder war in diesem Buch von Umwälzungen die Rede, in denen die gesellschaftliche Entwicklung einen Sprung nach oben machte, wodurch viele der Probleme, die das Leben früherer Generationen bestimmt hatten, bedeutungslos wurden. Die Evolution von *Homo sapiens* hat alle früheren Affenmenschen hinweggefegt; die Erfindung des Ackerbaus hat viele der brennenden Lebensprobleme von Wildbeutern erledigt; die gleiche Wirkung hatte der Aufstieg von Städten und Staaten für das vorgeschichtliche Dorfleben. Das Schließen des Steppenschnellwegs, dafür die Öffnung der Weltmeere beendete Zustände, die die Entwicklung der Alten Welt über 2000 Jahre hinweg eingeengt hatten, und die industrielle Revolution ließ alles, was zuvor möglich war, als ziemlich lächerlich erscheinen" (Morris 2012: 571 f.).

Aus dieser Perspektive erscheint die Geschichte der Menschheit als ein immer stärker anschwellender Strom, der den Menschen mitreißt in eine bessere Zukunft. Diese gipfelt Morris zufolge notwendigerweise in einer technischen Lösung der menschlichen Evolution, womit alle Menschheitsprobleme abschließend gelöst werden.

Andererseits wird die Globalisierung aber auch auf Grundlage einer differenzierten Analyse fundiert kritisiert (Flassbeck und Steinhardt 2018). Anstatt die umfangreiche Debatte des Für und Wider hier auszubreiten, möchte ich die Frage aufwerfen, ob die Globalisierung tatsächlich – positiv wie negativ – ein qualitativ neues Phänomen darstellt oder ob die Welt nicht überzeugend als Dorf beschrieben werden kann, wie dies David Smith und Shelagh Armstrong (2002) auf so anschauliche Weise in ihrem Kinderbuch umgesetzt haben. Ich bin mittlerweile der Überzeugung, dass die Globalisierung keinen qualitativen Sprung vorwärts bedeutet. Das zeigen globale Ereignisse wie die Finanz- und Wirtschaftskrise von 2008 folgende, die COVID-Pandemie oder der russische Angriffskrieg, die bei genauer Betrachtung mehr mit vergleichbaren Ereignissen in der Vergangenheit gemeinsam haben, als dass sich qualitative Unterschiede erkennen lassen. Vielmehr scheint sich hier eine Entwicklung fortzusetzen, die im Dorf ihren Ausgang genommen hat, die Nationenbildung und transnationale Kooperationen wie die Europäische Union hervorgebracht hat und sich jetzt im globalen Maßstab etabliert. Die großen internationalen politischen Treffen erscheinen wie die Versammlung von Stammesältesten, die über die zukünftige Organisation des gemeinsamen Zusammenlebens beratschlagen. David Graeber und David Wengrow zeigen in ihrer ‚neuen Geschichte der Menschheit', die eine Gegenerzählung zu der emphatischen Fortschrittsgeschichte von Morris bildet, dass einiges für eine bescheidene Sicht auf die Globalisierung spricht, die ihnen zufolge gerade nicht den Höhepunkt der Menschheitsgeschichte bildet. Vielmehr haben die Menschen ihre gesamte Geschichte hindurch kontinuierlich soziale Innovationen hervorgebracht, von denen wir heute noch, ohne uns dessen bewusst zu sein, profitieren.

> „Statt dass irgendein männliches Genie seine ureigene Vision verwirklicht hätte, beruhte die Innovation in neolithischen Gesellschaften auf einem jahrhundertelang vorwiegend von Frauen angesammelten gemeinsamen Wissensschatz, der auf eine endlose Kette scheinbar bescheidener,

in Wirklichkeit jedoch ungemein bedeutsamer Entdeckungen aufbaut. Viele dieser neolithischen Entdeckungen hatten unterm Strich den Effekt, das tägliche Leben genauso grundlegend zu verändern wie der automatische Webstuhl oder die Glühbirne" (Graeber und Wengrow 2022: 532).

Damit erinnern sie uns daran, dass es in der Menschheitsgeschichte immer schon Fortschritt gegeben hat, nicht erst in vermeintlich hochgradig mobilen und global vernetzten kapitalistischen Gesellschaften. Die mit der Erschließung fossiler Brennstoffe ermöglichte explosionsartige Entwicklung hat zweifellos eine bis dahin undenkbare Beschleunigung und räumliche Expansion hervorgebracht. Der verengte Blick auf diese vordergründigen quantitativen Größen bewirkt jedoch eine maßlose Selbstüberschätzung und übersieht die dahinterliegenden sozialen Innovationen, die mit dieser Entwicklung nicht Schritt gehalten haben. So gesehen funktioniert die Welt noch immer wie ein Dorf, benötigt dafür aber viel mehr Verkehr, und das ist keine soziale Errungenschaft, sondern ein Problem.

Wie am Beispiel der Fleeceweste gezeigt, setzt sich mit der internationalen Arbeitsteilung die nationale Marktintegration im globalen Maßstab fort. Diese als Globalisierung bezeichnete Intensivierung internationaler Beziehung ist eine weitere, das Wirtschafts- und Verkehrswachstum antreibende Kraft. Weltweit sind von dieser Entwicklungsdynamik über mittlerweile acht Milliarden Menschen erfasst und den Vereinten Nationen zufolge wird die Weltbevölkerung bis 2050 auf knapp zehn Milliarden Menschen anwachsen (UN 2022). Die Länder mit der größten Bevölkerung sind China und Indien mit jeweils 1,4 Mrd. Menschen. Die größte Wachstumsdynamik zeichnet sich jedoch auf dem Afrikanischen Kontinent ab, wo sich die Bevölkerung bis 2050 von heute ebenfalls 1,4 Mrd. Menschen auf 2,5 Mrd. voraussichtlich fast verdoppeln wird.

In diesen neuen Märkten orientieren sich die Menschen an dem Lebensstil der Bevölkerung der entwickelten kapitalistischen Länder, die sich in der *Gruppe der Sieben* (G 7) zusammengeschlossen haben und rund zehn Prozent der Weltbevölkerung umfassen.[5] In den letzten einhundert Jahren hat dieser kleine Teil der Weltbevölkerung mit seinem Lebensstil den bei weitem größten ökologischen Fußabdruck erzeugt und ist heute noch für ein Drittel aller CO_2-Emissionen verantwortlich (Gardiner und Jakob 2022). Im Ergebnis lebt die Weltbevölkerung seit 1970 über ihre Verhältnisse, das heißt, sie verbraucht mehr Ressourcen, als die Erde wieder regenerieren kann, seien es die Wald- und Fischbestände, das Grundwasser oder eben die Klimagase.[6] Dabei ist der weltweite Pro-Kopf-Verbrauch sehr unterschiedlich verteilt. Während Deutschland gemessen an den CO_2-Emissionen mit acht Tonnen einen relativ hohen Pro-Kopf-Verbrauch hat, ist der von Burundi dreihundertmal geringer (Abb. 2.6). Das reichste Prozent der Weltbevölkerung produziert ebenso viele Emissionen wie die ärmsten 50 % (Wagstyl 2021). Würden alle Menschen weltweit so leben wie in Deutschland, wären die Ressourcen von drei Erden erforderlich.

Der Verkehr ist mit einem Anteil von 20 % an den weltweiten CO_2-Emissionen einer der größten Verursacher von Klimagasen, gleich hinter der Energieindustrie mit 37 %. Dabei erzeugt der Straßenverkehr mit insgesamt

---

[5] Zur G 7 zählen die Vereinigten Staaten von Amerika, Japan, Deutschland, Frankreich, Großbritannien, Italien und Kanada.

[6] Das *Global Footprint Network* ermittelt jedes Jahr den globalen ‚Erdüberlastungstag', an dem so viele Ressourcen verbraucht wurden, wie die Erde in einem Jahr auf natürliche Weise erneuern kann. Seit 1970 ist dieser Tag immer weiter nach vorne gerückt und fiel 2023 auf den 02. August. Das heißt, die Weltbevölkerung verbraucht in einem Jahr die natürlichen Ressourcen von 1,7 Erden. https://www.google.com/search?client=firefox-b-d&q=Global+Footprint+Network (24.08.2023).

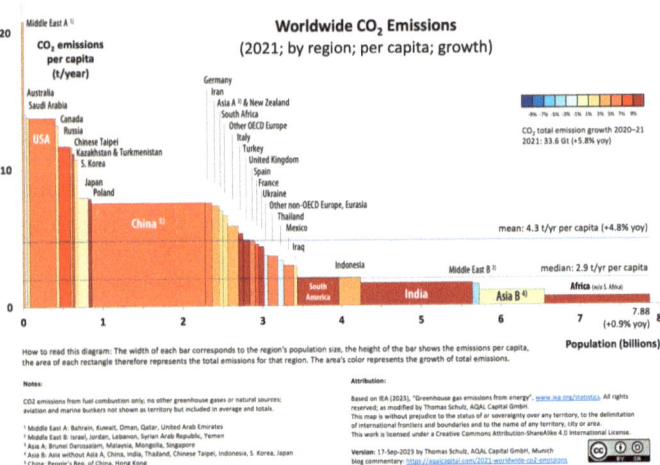

Abb. 2.6 Weltweite CO_2-Emissionen aus der Verbrennung von Brennstoffen 2021 (nach Region, pro Kopf). ((Tom.Schulz, https://commons.wikimedia.org/wiki/File:2021_Worldwide_CO2_Emissions_(by_region,_per_capita,_growth);_variwide_diagram.png)), https://creativecommons.org/licenses/by-sa/4.0/legalcode)

75 % die meisten Emissionen, wobei rund 45 % auf den Personenverkehr und rund 30 % auf den Güterverkehr fallen. Die verbleibenden Emissionen verteilen sich auf den Flug- und Schiffsverkehr etwa zu gleichen Teilen. Die international vergleichende Analyse zeigt, dass die Verkehrsentwicklung in den wirtschaftlich prosperierenden Weltregionen weitgehend jener der entwickelten kapitalistischen Länder folgt (Schwedes 2022). Insbesondere das am wenigsten nachhaltige Verkehrsmittel, der private Pkw, wird global gleichermaßen nachgefragt. Dem Weltautomobilverband zufolge stieg die Zahl der 2022 hergestellten Fahrzeuge um sechs Prozent auf 85 Mio. Stück (2010 waren es noch 77 Mio.), Tendenz weiter steigend (IOICA 2022).

Wenn sich dieser Trend fortsetzt, wächst der weltweite Autobestand bis 2030 von heute knapp 1,3 Mrd. auf 2 Mrd. Fahrzeuge.[7] Da der Verkehrssektor heute noch nahezu vollständig auf Erdöl basiert, würde mit dem wachsenden Fahrzeugbestand, sofern der Autobestand bis dahin nicht weltweit auf Elektrofahrzeuge umgestellt wird, ein wachsender Energie- bzw. Erdölverbrauch einhergehen. Prognosen der Internationalen Energiebehörde (IEA) zufolge wird der weltweite Erdölverbrauch noch bis zum Jahr 2030 steigen, der insgesamt wachsende Energiebedarf aber zunehmend durch erneuerbare Energien bedient (IEA 2023b). Die Klimaziele seien auf diesem Weg jedoch nicht erreichbar, vielmehr bedürfe es zusätzlicher politischer Maßnahmen, die grundsätzliche Verhaltensänderungen unterstützen. Somit formuliert auch die IEA die Einsicht in die Notwendigkeit, technische Innovationen wie den Antriebswechsel zum Elektromotor, durch soziale Innovationen zu flankieren. Ist es denkbar, den sich abzeichnenden globalen Trend zur Verallgemeinerung des Luxusguts Auto zu brechen?

Die Frage einer sozialen Innovation stellt sich auch mit Blick auf die internationalen Wirtschaftsverflechtungen mit dem globalen Warenaustausch, der nur durch ein Netz engmaschiger Logistikketten am Leben erhalten werden kann (Abb. 2.7).

Es ist kaum vorstellbar, die stetig wachsenden Handelsströme auf absehbare Zeit nachhaltig zu gestalten. Vielmehr zeichnet sich immer deutlicher ab, dass wir die 1972 in dem bis heute lesenswerten Bericht an den *Club of Rome* angemahnten „Grenzen des Wachstums" mittlerweile

---

[7] Die 1995 vom Umwelt- und Prognose-Institut Heidelberg e. V. durchgeführte Prognose hat die reale Entwicklung bisher präzise antizipiert und ist nach wie vor gültig. https://www.upi-institut.de/upi35.htm (24.08.2023).

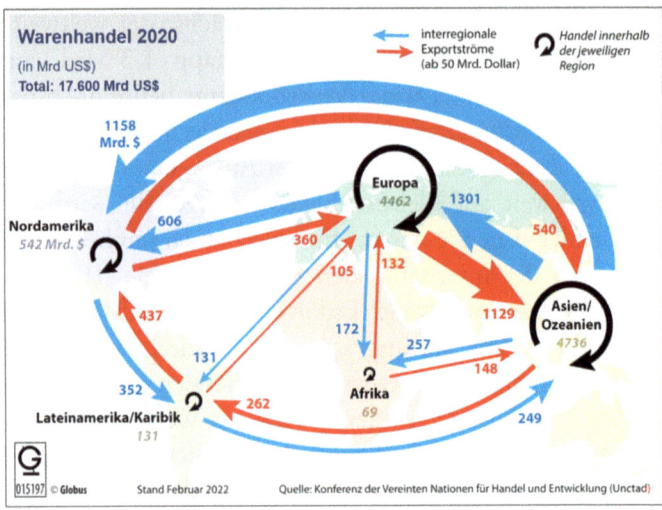

Abb. 2.7 Globale Handelsströme. (Aus: Eckard Koch, „Die Entwicklung des Welthandels. In: Internationale Wirtschaftsbeziehungen I", 2023, Springer Nature)

überschritten haben (Meadows et al. 1972). Auch ein halbes Jahrhundert später haben die Schlussfolgerungen des Berichts leider nichts von ihrer Dringlichkeit verloren:

> „Unsere gegenwärtige Situation ist so verwickelt und so sehr Ergebnis vielfältiger menschlicher Bestrebungen, dass keine Kombination rein technischer, wirtschaftlicher oder gesetzlicher Maßnahmen eine wesentliche Besserung bewirken kann. Ganz neue Vorgehensweisen sind erforderlich, um die Menschheit auf Ziele auszurichten, die anstelle weiteren Wachstums auf Gleichgewichtszustände führen. Sie erfordern ein außergewöhnliches Maß von Verständnis, Vorstellungskraft und politischem und moralischem Mut. Wir glauben aber, dass diese Anstrengungen geleistet werden können, und hoffen, dass diese Veröffentlichung dazu beiträgt, die hierfür notwendigen Kräfte zu mobilisieren" (ebd. 172–173).

Schon damals haben die wissenschaftlichen Modellrechnungen gezeigt, dass technische Lösungen allein nicht ausreichen würden, um eine nachhaltige Entwicklung im globalen Maßstab zu erreichen (ebd. 172). Zur selben Zeit verfestigten sich auch die wissenschaftlichen Erkenntnisse zum Klimawandel, die seitdem zunächst geheim gehalten, dann geleugnet und schließlich kleingeredet wurden (Weart 2008). Erst in jüngster Zeit konnten sich die seriösen wissenschaftlichen Einsichten gegenüber dem „Netzwerk des Leugnens" (Oreskes und Conway 2014) durchsetzen, ohne dass die politische Kontroverse über die Folgen des Klimawandels und die notwendigen Maßnahmen damit beendet ist (Kemfert 2023).

Es hat also fünfzig Jahre gedauert, bis wissenschaftliche Erkenntnisse gesellschaftlich anerkannt wurden, hinreichende Konsequenzen wurden bisher jedoch nicht gezogen. Und es ist zu befürchten, dass ein Umdenken vor allem deshalb stattfindet, weil die negativen Folgen des Klimawandels mittlerweile die privilegierte Bevölkerung der entwickelten kapitalistischen Gesellschaften erreicht haben. Diese Erfahrung relativiert ein weiteres Mal das emphatische Selbstverständnis des Menschen, ein vernunftbegabtes Wesen zu sein. Vor diesem Hintergrund steht die Frage im Raum, ob es realistisch ist, aus der Einsicht in den eigenen nicht-nachhaltigen Lebensstil, der sich insbesondere in einer expansiven Raum- und Verkehrsentwicklung ausdrückt, auf die Bereitschaft der privilegierten Menschen in den entwickelten kapitalistischen Gesellschaften zu schließen, das eigene Leben zu verändern.

2.2 Zukunftsperspektiven

Moderne Gesellschaften, so heißt es oftmals, würden sich dadurch auszeichnen, dass die Menschen in ihnen hochgradig mobil sind (Baumann 1998; Cresswell 2006; Urry

2007). Die Hypostasierung der Mobilität moderner Gesellschaften als „Basisprozess der Moderne" (Bonß et al. 2004: 258) erfolgt dabei in Abgrenzung zur vorangegangenen Menschheitsgeschichte, die als weitgehend statisch imaginiert wird (Rammler 2008: 59 ff.). Demgegenüber hat die Sozialgeschichte gezeigt, dass diese modernisierungstheoretische Einschätzung jegliche empirische Basis entbehrt, vielmehr bildete das räumliche Mobilitätsgeschehen für den Menschen zu jeder Zeit einen wichtigen Sozialprozess (Dorn 2018: 316). Die eingangs geschilderte historische Entwicklung des Verkehrs sollte dafür sensibilisieren, dass sich im Laufe der Menschheitsgeschichte weniger das Ausmaß räumlicher Mobilität geändert hat, gemessen an der Zahl der Personen, die sich auf den Weg machten sowie der Zeit, die sie unterwegs waren. Vielmehr haben die Praktiken räumlicher Mobilität unter sich wandelnden gesellschaftlichen Rahmenbedingungen (Energieregime und Kultur) unterschiedliche Formen angenommen. Beispielsweise hat bei der berufsbedingten räumlichen Mobilität im 20. Jahrhundert eine Verschiebung von der residenziellen zur zirkulären Mobilität stattgefunden; anstatt für einen neuen Arbeitsplatz umzuziehen, wird heute öfters zwischen dem Wohnsitz und dem Arbeitsort gependelt (ebd.: 312). Da uns viele der historischen Praktiken räumlicher Mobilität, wie etwa die Gesellenwanderung, heute fremd sind, wurden sie lange Zeit nicht wahrgenommen und die Mobilität vormoderner Gesellschaften daraufhin unterschätzt (Ehmer 2011). Diese Fehleinschätzung wurde mittlerweile korrigiert: „Den ‚Homo migrans' gibt es, seit es den ‚Homo sapiens' gibt; denn Wanderungen (und Mobilität im Allgemeinen) gehören zur Conditio Humana wie Geburt, Fortpflanzung, Krankheit und Tod" (Bade 2000: 11). Mit anderen Worten, Mobilität ist nicht der ‚Basisprozess der Moderne', sondern der menschlichen Entwicklung.

Ein weiterer Grund dafür, dass der moderne Mensch sich und seine Mobilität maßlos überschätzt, sind die immer größeren Distanzen, die er kraft der Verbrennungsmotoren zurücklegen kann. Während in der Vergangenheit nicht weniger Menschen räumlich mobil waren und auch ähnlich viel Zeit wie heute für ihre Wege aufgewendet haben, waren diese jedoch zumeist kürzer. Demnach wurde zwar vergleichbar oft umgezogen, allerdings überwiegend im näheren Einzugsgebiet, und auch die berufsbedingte räumliche Mobilität war öfter als heute auf nahe gelegene Arbeitsorte begrenzt. Das heißt, um die gesellschaftliche Teilhabe zu gewährleisten, mussten die Menschen damals wie heute vielfältige Formen räumlicher Mobilität praktizieren. Der wesentliche Unterschied besteht darin, dass die gesellschaftliche Teilhabe heute über immer größere Distanzen hinweg organisiert wird. Vor diesem Hintergrund ist es hilfreich, begrifflich klar zwischen Verkehr und Mobilität zu unterscheiden. Während der Verkehr die konkrete physische Bewegung im Raum bezeichnet, bemisst sich die Mobilität der Menschen an dem Grad ihrer gesellschaftlichen Teilhabe (Schwedes et al. 2023).

Demnach ist ein gutverdienender Stadtbewohner, der sich das Leben in der Stadt leisten kann und sowohl seinen Arbeitsplatz als auch alle Einrichtungen des täglichen Bedarfs zu Fuß erreicht, sehr mobil, ohne dabei viel Verkehr zu erzeugen. Demgegenüber ist einer der neun Millionen in Deutschland lebenden Geringbeschäftigten, der aufgrund steigender Mieten mit seiner Familie an den Stadtrand ziehen musste und für seine Arbeit auf den privaten Pkw angewiesen ist, mit dem er täglich weite Strecken zurücklegen muss, zwar verkehrlich viel unterwegs, in seiner Mobilität jedoch stark eingeschränkt, weil er sich und seiner Familie mit dem geringen Einkommen nur eine begrenzte gesellschaftliche Teilhabe ermöglichen kann.

Somit ist eine Unterscheidung möglich zwischen der Mobilität der Menschen, die diese für ein gutes Leben benötigen, einerseits und dem Verkehr, der dafür gegebenenfalls erforderlich ist, andererseits. Diese Perspektive auf Mobilität und Verkehr unterscheidet sich grundlegend von dem traditionellen Verständnis, wonach sich der Grad der Mobilität einer Person an den von ihr zurückgelegten Kilometern bemisst. Das politische Ziel, allen Menschen ein angemessenes Maß an Mobilität zu ermöglichen, ist dann nicht mehr an möglichst viele Verkehrsbewegungen gebunden, die sich schlecht mit dem zweiten politischen Ziel einer nachhaltigen Verkehrsentwicklung vereinbaren lassen. Stattdessen eröffnet sich eine neue Perspektive auf das Verhältnis von Mobilität und Verkehr und deren Gestaltung. Ein großes Maß an Mobilität kann mit einem hohen Verkehrsaufkommen korrespondieren, muss es aber nicht. Umgekehrt garantiert ein hohes Verkehrsaufkommen keine Mobilität, die eine angemessene gesellschaftliche Teilhabe ermöglicht.

2.2.1 Die Zukunft ist politisch

Im vorangegangenen Kapitel habe ich bei der Beschreibung der modernen kapitalistischen Gesellschaften mit Blick auf denkbare bzw. mögliche Zukünfte eine Reihe von Fragen aufgeworfen, ohne sie zu beantworten. Zum einen habe ich mich zurückgehalten, weil diese zweifellos wichtigen Fragen wohl niemand mit Gewissheit abschließend beantworten kann. Zum anderen war es auch ein pädagogischer Kniff, die Lesenden anzuregen, sich selbst die Karten zu legen: Bin ich bereit, mein Leben zu ändern? Oder werden die Fragen schon als eine Zumutung empfunden? In dem Fall ist es wahrscheinlich nicht sinnvoll weiterzulesen, denn die von mir im Folgenden aufgezeigten Perspektiven sind angewiesen auf die Einsicht in die Notwendigkeit, unser Zusammenleben grundlegend neu zu organisieren. Erfahrungsgemäß darf man natürlich erwarten, dass die Uneinsichtigen unter den Lesenden mit ein wenig Zwang überzeugt werden, das wird heute euphemistisch als ‚Stubsen' (Nudging) bezeichnet. In demokratischen Gesellschaften ist das jedoch nur in begrenztem Maße möglich. Damit ist das grundsätzliche Spannungsverhältnis demokratischer Gesellschaften angesprochen, die zwischen dem Anspruch individueller Freiheit und kollektiver Selbstbeschränkung oszillieren. Wie Felix Heidenreich (2023) im Anschluss an die politische Tradition des Republikanismus zeigt, ist eine nachhaltige Entwicklung in demokratischen Gesellschaften nur möglich, indem das Spannungsfeld zwischen Eigensinn und Gemeinsinn immer wieder neu verhandelt wird, ohne es einseitig aufzulösen, sei es in die Richtung des ungebundenen Individuums oder des autoritären Staates. In diesem Sinne diskutiere ich im Folgenden Möglichkeiten einer nachhaltigen Entwicklung unter Bedingungen demokratischer Vergesellschaftung.

Wie gezeigt wurde, sind die aktuellen Verhältnisse moderner kapitalistischer Gesellschaften geprägt durch starke wechselseitige Abhängigkeiten zwischen dem Wirtschafts- und Verkehrswachstum sowie dem Konsum- und Lebensstil der Menschen. Vor diesem Hintergrund scheint es für eine nachhaltige Verkehrsentwicklung kaum Handlungsspielräume zu geben. Demgegenüber hat die historische Untersuchung der Verkehrsentwicklung gezeigt, dass es den Menschen schon mehrfach gelungen ist, sowohl von einem Energieregime in ein anderes zu wechseln wie auch den damit notwendigerweise verbundenen kulturellen Wandel zu vollziehen. Während der Historiker Peter Frankopan (2023) die Menschheitsgeschichte eindrucksvoll am Beispiel des Klimawandels nachvollzieht und eine historische Genealogie krisenhafter Zuspitzung skizziert, die voraussichtlich in einer Katastrophe münden wird, habe ich die Brüche betont, in deren Folge etwas Neues entstanden ist. Damit wollte ich anregen, gemeinsam über Alternativen nachzudenken, wohl wissend, dass man gut begründet auch eine wesentlich fatalistischere Menschheitsgeschichte des Verkehrs schreiben könnte. Dennoch möchte ich anhand der Energiepolitik der letzten Jahre zeigen, dass eine Verkehrswendepolitik, wenn auch aktuell nicht absehbar, so doch prinzipiell möglich ist.

Von der Energie- zur Verkehrswende[8]

Im Folgenden wird die Frage diskutiert, wie eine Verkehrswende von den Erfahrungen der weiter vorangeschrittenen Energiewende profitieren kann. Die Debatte über eine Energiewende reicht zurück bis in die 1980er Jahre (Öko-Institut 1980). Bis zur abschließenden politischen Entscheidung für den Ausstieg aus der Atomenergie sowie den fossilen Energieträgern und die Hinwendung zu erneuerbaren Energien im Jahr 2010 hat es dreißig Jahre gedauert, in denen um die Energiewende politisch gerungen wurde (Radkau und Hahn 2013).

Die Verkehrswendediskussion setzte zehn Jahre später, Anfang der 1990er Jahre, ein und knüpfte direkt an die Energiewende an. Den Begriff der Verkehrswende prägte damals der Stadt- und Verkehrswissenschaftler Markus Hesse (1993) mit seinem gleichnamigen Buch, das bis heute das einschlägige Werk darstellt. Hesse hatte damals als Erster den engen Zusammenhang sowie die – bei allen Unterschieden – strukturellen Gemeinsamkeiten zwischen dem Energie- und dem Verkehrssektor herausgearbeitet. Demnach haben sich im Zuge der fordistischen

---

[8] Dieses Kapitel ist eine überarbeitete Fassung von Schwedes (2020).

Industrialisierung, die auf eine zentralstaatlich organisierte Massenproduktion und -konsumption gerichtet war, in beiden Sektoren monopolartige Monostrukturen herausgebildet: „Die tendenzielle Dominanz des Stromsektors im Energiebereich hat mit dem Automobil ein entsprechendes Pendant im Verkehrswesen" (ebd.: 86). Während der deutsche Energiesektor durch die vier großen Energiekonzerne beherrscht wurde, die sich den Markt untereinander aufgeteilt hatten, wird das deutsche Verkehrswesen bis heute durch vier Automobilkonzerne dominiert. Beide Großtechnologien sind auf umfangreiche staatliche Unterstützungsleistungen angewiesen, seien es Vorleistungen im Bereich der Infrastrukturerstellung oder die nachträgliche Schadensbegrenzung aufgrund sozialer und ökologischer Folgekosten. Ohne diese steuerfinanzierten Leistungen wären diese Wirtschaftszweige nicht überlebensfähig: „Daraus erklärt sich auch der heftige Widerstand der in beiden Fällen wohlorganisierten politischen Machtblöcke gegen eine Internalisierung der externen (Folge-)Kosten und eine volle Absicherung der Folgerisiken" (ebd.: 86).

Seit langem berechnet das Umweltbundesamt regelmäßig diese umweltschädlichen Subventionen im Verkehrssektor, die sich auf insgesamt 30 Mrd. € belaufen (UBA 2023). Darunter fallen u. a. das Dienstwagenprivileg, die Pendlerpauschale, die begünstigte Dieselbesteuerung sowie die bis heute fehlende Kerosinsteuer, die die Billigflüge ermöglicht. Hinzu kommen die sogenannten ‚externen Kosten', die nicht von den Verursachern getragen, sondern von der Gesellschaft über Steuern finanziert werden und deshalb auch als ‚soziale Kosten' bezeichnet werden. Für den Autoverkehr haben Gössling et al. (2022) jährliche soziale Kosten für einen Mittelklassewagen von durchschnittliche rund 5000 € berechnet, die nicht von den Auto-Besitzenden über die Kfz-Steuer beglichen werden. Dazu zählen u. a. durch den Autoverkehr bewirkte

Gesundheitskosten (Lärm, Unfälle), Unterhaltskosten der Infrastruktur sowie Umweltkosten wie jene durch den Klimawandel.

Schließlich produzieren die auf quantitatives Wachstum gerichteten standardisierten Großsysteme strukturelle Zwänge, die alternative Entwicklungspfade weitgehend ausschließen. Dabei geraten die konkreten Bedürfnisse der Menschen zunehmend aus dem Blick. Anstatt wie bisher ihre verkehrspolitischen Entscheidungen an den Kfz-Zulassungszahlen auszurichten, habe Verkehrspolitik zukünftig die Aufgabe, ganz im Sinne der Suffizienzstrategie, jenes Maß an Mobilität zu gewährleisten, das notwendig ist, um allen Bürgerinnen und Bürgern gesellschaftliche Teilhabe zu garantieren. Dabei besteht das primäre Ziel darin, das Verkehrsmengenwachstum zu stoppen oder die erreichte Verkehrsmenge sogar zu reduzieren. Die Automobilproduzenten sollen sich zu Verkehrsdienstleistern wandeln und Verkehrsangebote entwickeln, mit denen die Menschen ihre gesellschaftliche Teilhabe ohne privaten Pkw gewährleisten können. Auf diese Weise geraten dann Alternativen zum privaten Pkw stärker in den Blick als zuvor, als das Auto die Benchmark gebildet hat. Auch der traditionelle öffentliche Verkehr muss diese Neuorientierung vollziehen und sich dem Wachstumszwang im Verkehrssektor entziehen. Anstatt mit dem motorisierten Individualverkehr zu konkurrieren und immer größere Distanzen möglichst komfortabel und immer schneller zu überwinden, müssen die Verkehrsdienstleistungen zukünftig besser an die spezifischen Bedürfnisse der Nutzerinnen und Nutzer angepasst werden. Das Ziel besteht dann nicht mehr darin, öffentlichen Verkehr zu produzieren, sondern „Öffentliche Mobilität" zu gewährleisten (Schwedes 2021a).

Wie schon mehrfach deutlich wurde, besteht eine zentrale Herausforderung darin, die für den Verkehr bestim-

Tab. 2.1 Von der Energie- zur Verkehrswende. (Quelle: Hesse 1993: 89)

	Energiewende	Verkehrswende
Ökologische Orientierung	Energiesparen	Verkehrsvermeidung
Zielkonzept	Energiedienstleistung	Verkehrsdienstleistung
Handlungsrahmen	Weniger Verbrauch, mehr Effizienz (Bsp. Raumwärme)	Weniger Verkehr, bessere Mobilität (Bsp. Erreichbarkeit)
Raumdimension	Rekommunalisierung	Regionalisierung
Ökonomischer Ansatz	Strukturwandel der Energiedienstleistungsunternehmen	Strukturwandel der Verkehrsdienstleistungs- unternehmen

mende Größe des Raums zu berücksichtigen. Um das Verkehrswachstum einzudämmen, ist es notwendig, die Stadt-, Siedlungs- und Raumentwicklung so zu organisieren, dass wenig Verkehr entsteht. Das heißt, die heute noch schwache Regionalplanung muss systematisch mit der Verkehrsplanung verzahnt und insgesamt politisch gestärkt werden (Cilla et al. 2016: 57 ff.). Zusammenfassend ergibt sich eine Reihe von Gemeinsamkeiten zwischen der Energie- und der Verkehrswende, die zur Orientierung bei der politischen Umsetzung dienen können (Tab. 2.1).

Ausgehend von den strukturellen Gemeinsamkeiten im Energie- und Verkehrssektor identifizierte Hesse schon damals sechs Kriterien, an denen sich eine Verkehrswendepolitik orientieren sollte und die bis heute ihre Gültigkeit haben. Auch hier ergeben sich Gemeinsamkeiten zwischen der angestrebten Energie- und der Verkehrswende. Erstens wird in beiden Fällen der dominante Entwicklungspfad der Konzentration abgelöst von einer dezentralen Organisationsstruktur (Hirschl und Vogelpohl 2020). So wie das fossile Oligopol der vier großen Energiekonzerne durch eine wachsende Zahl ganz unterschiedlicher Produzenten erneuerbarer Energie ergänzt wird, sollte eine Verkehrswendepolitik auf eine dezentrale Organisation des Verkehrs gerichtet sein. Anstatt etwa wie bisher Bildungszentren für regionale Einzugsgebiete zu schaffen, zu denen die Schülerinnen und Schüler über weite Strecken anreisen müssen, sollten polyzentrische Stadtstrukturen etabliert werden, die sich jeweils durch eine Funktionsvielfalt auszeichnen. Dies ermöglicht es den Menschen vor Ort, ihr Leben kleinräumig zu organisieren, ohne viel Verkehrsaufkommen zu produzieren.

Zweitens drückt sich in dieser räumlichen Ausdifferenzierung zugleich eine Bedürfnisdifferenzierung aus. Eine Verkehrswendepolitik sollte die spezifischen Anforderungen der Menschen vor Ort berücksichtigen und mit vielfältigen Verkehrsdienstleistungen auf die unterschiedlichen Mobilitätsbedürfnisse eingehen, anstatt standardisierte Flächenangebote zu machen. Das wiederum erfordert drittens Möglichkeiten der aktiven Partizipation der Nutzerinnen und Nutzer im Rahmen verkehrspolitischer und -planerischer Entscheidungsprozesse. Die Politik hat die Aufgabe, die dazu notwendigen Rahmenbedingungen zu schaffen und private Haushalte wie Unternehmen in eine Verkehrswendestrategie mit einzubinden. Viertens erfordert die Verkehrswendepolitik eine Vernetzung der beiden bisher relativ unverbunden nebeneinander existierenden Systeme des öffentlichen Kollektivverkehrs und des privaten motorisierten Individualverkehrs. Sie sollten im Sinne der Individualisierung des öffentlichen Kollektivverkehrs und der Veröffentlichung des privaten motorisierten Individualverkehrs systematisch miteinander verknüpft werden.

Ein Beispiel ist der kollektiv genutzte Autobaustein, der den öffentlichen Kollektivverkehr ergänzen kann oder von Carsharing-Unternehmen als Alternative zum privaten Pkw angeboten wird. Fünftens muss die konzeptionelle Neuorganisation des Verkehrswesens im Rahmen einer Verkehrswendepolitik, die auf eine nachhaltige Verkehrsentwicklung gerichtet ist, durch Maßnahmen flankiert werden, die eine Begrenzung des Verkehrswachstums bewirken. Nur so kann erreicht werden, dass die relativen Effizienzgewinne zukünftig nicht durch das absolute Verkehrswachstum aufgezehrt werden. Sechstens schließlich sollte Langsamkeit als Strukturprinzip im Verkehrswesen eingeführt werden und sich an den Grenzen sozialer und ökologischer Verträglichkeit orientieren. Spätestens hier wird der disruptive Charakter einer Verkehrswendepolitik deutlich, die mit wesentlichen Strukturprinzipien des aktuellen Verkehrssystems bricht.

Instrumente für eine Verkehrswendepolitik
Im Folgenden werden die Instrumente vorgestellt, die der Politik zur Verfügung stehen, um die Verkehrswende zu gestalten. Entsprechend den drei Nachhaltigkeitsstrategien (Effizienz, Effektivität, Suffizienz) werden dabei drei Zielfenster unterschieden: erstens die Verkehrsverbesserung, womit jede Maßnahme gemeint ist, die den Verkehrsfluss optimiert; zweitens, die Verkehrsverlagerung, womit der Wechsel von weniger nachhaltigen Verkehrsmitteln zu nachhaltigeren gemeint ist, insbesondere der Wechsel vom privaten Auto zum öffentlichen Kollektivverkehr; drittens die Verkehrsvermeidung, die alle Maßnahmen umfasst, die im Ergebnis zu insgesamt weniger Verkehr beitragen. Ebenso wie bei den drei Nachhaltigkeitsstrategien geht es auch hier nicht darum, sich für ein Zielfenster zu entscheiden, vielmehr sollten alle drei Ziele so kombiniert werden, dass sie im Ergebnis das übergeordnete Ziel einer nachhaltigen Verkehrsentwicklung erreichen.

Abb. 2.8 Kategorisierung politischer Instrumente nach Verkehrsträgern, Lenkungswirkung und betroffenen Akteuren. (Quelle: AEE 2016: 10)

Die Agentur für Erneuerbare Energie hat die einschlägigen Studien zu Reformen im Verkehrssektor studiert und in einer Metaanalyse die wichtigsten Instrumente identifiziert (Abb. 2.8).

Dabei können vier Kategorien von Instrumenten unterschieden werden:

1. Ökonomische Instrumente
Dazu zählen Steuern und Abgaben, von denen man sich eine Lenkungswirkung zugunsten einer nachhaltigen Verkehrsentwicklung erwartet, wie beispiels-

weise die Kraftstoff- und Kraftfahrzeugsteuern. Aber auch Mautsysteme wie die Lkw-Maut, Pkw-Maut und City-Maut fallen darunter. Schließlich sind auch Subventionen und Fördermittel wie etwa die privilegierte Dienstwagenbesteuerung und die Entfernungspauschale ökonomische Lenkungsinstrumente. Aber auch die Steuerbefreiungen und staatlichen Subventionen im Luftverkehr werden immer wieder als negative Anreize erwähnt und ihre Abschaffung gefordert.

2. Ordnungsrechtliche Instrumente
Hierunter fallen rechtliche Vorgaben, die ein Verhalten erzwingen, das eine nachhaltige Verkehrsentwicklung unterstützt. Besonders hervorgehoben wird das regulatorische Instrument der Flottengrenzwerte, die vorgeben, wieviel CO_2-Emissionen erlaubt sind. Als weitere ordnungsrechtliche Instrumente werden Zugangsbeschränkungen für den Kfz-Verkehr genannt sowie Tempolimits

3. Planerische Instrumente
Darunter fällt das gesamte Arsenal der Integrierten Verkehrsplanung (Schwedes und Rammert 2020). Das wichtigste Planungsinstrument sehen die meisten Studien in Infrastrukturmaßnahmen zugunsten der jahrzehntelang vernachlässigten nachhaltigen Verkehrsmittel Fahrrad und Fußverkehr auf Kosten des Autoverkehrs. Die Integration von Verkehrs-, Stadt- und Raumplanung soll aber auch dazu genutzt werden, kompakte, verkehrsarme Raumstrukturen zu etablieren. Alle Studien sind sich darin einig, dass der Bundesverkehrswegeplan diesem Ziel nicht gerecht wird und langfristig falsche Impulse setzt.

4. Weiche Instrumente
Hiermit sind alle Formen der Information und Kommunikation gemeint, die über eine nachhaltige Verkehrsentwicklung aufklären. Angefangen von Leitsystemen, die den städtischen Parksuchverkehr reduzieren,

Schulungen zum sparsamen Fahren sowie Informationen über die jährlichen Kosten von Pendlerverkehr. Das Ziel ist es, bei den Verbrauchern die Problemwahrnehmung zu schärfen und sie anzuregen, ihr eigenes Mobilitätsverhalten nachhaltig zu gestalten.

Die in allen Studien am häufigsten genannten Instrumente waren Anpassungen bei der Kraftstoffsteuer, der Maut für Lastkraftwagen, die Verschärfung der Flottengrenzwerte für den CO_2-Ausstoß von Pkw, Tempolimits, die Förderung des öffentlichen Verkehrs und der Ausbau des Schienennetzes.

Zur Politischen Ökonomie der Verkehrswende
Im Politikfeld Verkehr bewegt sich eine Vielzahl von Akteuren mit unterschiedlichen Interessen. Jeder gesellschaftliche Akteur verfolgt dabei grundsätzlich legitime Partikularinteressen. Welche Interessen sich mehr oder weniger stark durchsetzen, ist das Ergebnis konfliktreicher politischer Kämpfe, wobei die einzelnen Akteure mit unterschiedlichen Machtressourcen ausgestattet sind. Die Politik in demokratischen Gesellschaften hat die Aufgabe, die widerstrebenden Machtinteressen im Sinne des Gemeinwohls zu moderieren. Dabei ist die Vorstellung davon, wodurch sich Gemeinwohl auszeichnet, ihrerseits ständig politisch umkämpft. Diesbezüglich sind die Erfahrungen bei der politischen Durchsetzung der Energiewende besonders aufschlussreich und liefern auch für die angestrebte Verkehrswendepolitik wichtige Anhaltspunkte (Ohlhorst 2020).
Im Jahr 2000 wurde von der damaligen rot-grünen Regierung sowohl das Erneuerbare-Energien-Gesetz (EEG) verabschiedet wie auch der Ausstieg aus der Atomenergie beschlossen. Diesem energiepolitischen Paradigmenwechsel sind jahrzehntelange politische Kämpfe vorausgegangen. Die energiepolitischen Konflikte setzten sich auch nach

der Entscheidung für den Atomausstieg fort und wurden von den Oppositionsparteien CDU/CSU und FDP im Sinne der Energiewirtschaft weitergetragen. Mit der Wahl der schwarz-gelben Regierung im Jahr 2005 geriet die Kritik am Atomausstieg wieder auf die politische Agenda und mündete 2010 in der politischen Entscheidung für den Ausstieg aus dem Ausstieg (Becker 2010). Nur kurze Zeit später, im Frühjahr 2011, bewirkte die Nuklearkatastrophe im japanischen Fukushima erneut einen politischen Kurswechsel mit der Entscheidung, aus der Atomenergie auszusteigen und den Ausbau erneuerbarer Energien konsequent zu unterstützen. Die vier bis dahin vermeintlich allmächtigen Deutschen Energiekonzerne kämpfen seitdem um ihr Überleben und zusammen mit der FDP um die Laufzeitverlängerung ihrer Atomkraftwerke.

Eine vergleichende Analyse der Verkehrswende kommt zunächst zu dem Ergebnis, dass es in der Verkehrspolitik bisher keine dem EEG entsprechend Gesetzesinitiative gibt. Das bringt eindrucksvoll die Mobilitäts- und Kraftstoffstrategie (MKS) der Bundesregierung zum Ausdruck, die einseitig auf technologische Innovationen und Effizienzgewinne zielt (BMVI 2013).[9] Die wissenschaftliche

---

[9] Die MKS wurde in einem umfangreichen Fachdialog mit rund 400 Unternehmen, Verbänden, Bürgerinnen und Bürgern sowie Expertinnen und Experten aus Gesellschaft, Industrie und Wissenschaft erarbeitet und versteht sich ausdrücklich als ‚Lernende Strategie': „Seit der Verabschiedung wird die MKS als lernende Strategie gemeinsam mit den relevanten Akteuren weiterentwickelt und neuen Herausforderungen angepasst. Im Mittelpunkt der fortlaufenden Konferenzen und Fachworkshops steht die strategische Verständigung von Politik, Wirtschaft, Wissenschaft und Gesellschaft zu zentralen Fragen des Verkehrssektors." Die Bundesregierung hat jüngst entschieden, den Verkehr aus den Sektorenzielen herauszunehmen, so dass dort die Nachhaltigkeitsziele nicht weiterverfolgt werden müssen und der Anteil des Verkehrs an den ursprünglich vereinbarten CO_2-Einsparungen von anderen Sektoren übernommen werden soll. Offensichtlich hat die Bundesregierung in dem zehnjährigen Verständigungsprozess ‚gelernt', dass der Verkehrssektor keinen Beitrag zur bundesdeutschen Nachhaltigkeitsstrategie leisten kann.

Einsicht hingegen, dass eine nachhaltige Verkehrsentwicklung auch auf Verkehrsvermeidung angewiesen ist und dazu Verhaltensänderungen notwendig sind (EEA 2015), hat sich im Politikfeld Verkehr noch nicht etablieren können. Das ist im Rahmen des sogenannten Dieselskandals[10] sehr deutlich geworden, als die Bundesregierung mit den Automobilkonzernen auf dem Dieselgipfel darüber beriet, wie auf die drohenden Fahrverbote für Dieselfahrzeuge in Innenstädten zu reagieren sei. Während die Bundesregierung den Automobilkonzernen folgte, die auf technische Lösungen setzt, hat das Umweltbundesamt berechnet, dass technische Lösungen allein nicht zum politisch angestrebten Ziel führen.

Wie bei den Energiekonzernen ist auch bei den Automobilkonzernen bisher nicht erkennbar, dass diese selbst reformfähig wären. Dementsprechend stellt sich die Frage, ob der ‚Dieselskandal' den entscheidenden Anlass für die Verkehrswende bilden wird, so wie Fukushima für die Energiewende. In diesem Fall wären die Machtverhältnisse im Politikfeld Verkehr im Sinne einer nachhaltigen Verkehrsentwicklung neu zu justieren. Die in der Nachhaltigkeitstrias aktuell dominierenden ökonomischen Interessen müssten zugunsten der sozialen und ökologischen Interessen beschnitten werden. Wie seinerzeit im Energiesektor, als der Gesetzgeber durch die Definition neuer energiepolitischer Rahmenbedingungen im Sinne der Energiewende die kalte Enteignung des Oligopols der vier Energiekonzerne erzwang, müsste der Gesetzgeber heute mit Blick auf die Verkehrswende die verkehrspolitischen Rahmenbedin-

---

[10] Das Kartell von Politik, Automobilindustrie und Gewerkschaften, das zum ‚Dieselskandal' geführt hat, war jahrzehntelang erfolgreich praktizierte Normalität. Vor diesem Hintergrund ist der Begriff ‚Skandal' ein Euphemismus, der von den strukturellen Machtverhältnissen ablenken soll.

gungen so setzen, dass die Automobilkonzerne notwendige Reformen nicht weiter blockieren können. Darüber hinaus ist eine politische Beeinflussung von Verkehrs- und Raumentwicklung zu erreichen. Das verlangt eine grundlegende Neuorganisation gesellschaftlicher Arbeitsteilung, die nahräumliche Produktionsverhältnisse erlaubt und wenig Verkehrsaufwand erfordert also nicht weniger als eine gesamtgesellschaftliche Transformation (Schwedes 2021b).

Die zentrale Einsicht lautet, dass es wie im Fall der Energiewende einer politischen Entscheidung für die Verkehrswende bedarf, die sich zugleich gegen jene mächtigen Akteure wendet, die von dem bestehenden Verkehrsregime profitieren. Dementsprechend muss der aktuelle Nachhaltigkeitsdiskurs, der durch die politischen Handlungskonzepte Konsens und Kommunikation geprägt ist, umgeschaltet werden auf Kritik und Konflikt. Der gesellschaftliche Wandel zu einem nachhaltigen Zusammenleben ist notwendigerweise mit der Kritik der bestehenden Verhältnisse und daraus resultierenden Konflikten verbunden (Avenessian 2022). Damit wir die gesellschaftlichen Veränderungen konstruktiv gestalten können, ist es erforderlich, die zentralen Interessenkonflikte zu identifizieren, öffentlich zu benennen und politisch auszutragen.

2.2.2 Auf dem Weg zu einer nachhaltigen Mobilitätskultur

Neben politischem Gestaltungswillen und politischer Macht erfordert die Verkehrswende einen tiefgreifenden Kulturwandel (Kaschuba 2004). Persönliche Werte und gesellschaftliche Normen, die für Generationen handlungsleitend waren, verlieren in dem Maße ihre Orientierungsfunktion, wie ihre Überzeugungskraft nachlässt.

Während die Einen den Kulturwandel begrüßen oder vorantreiben, erzeugt die zunehmende Orientierungslosigkeit bei den Anderen wachsende Unsicherheit. Demensprechend wurde zu Beginn der industriellen Revolution die Umwälzung des Verständnisses von Raum und Zeit durch die Eisenbahn einerseits emphatisch begrüßt und andererseits als Zerstörung der Gesellschaft verurteilt. Am Ende war die gesellschaftliche Etablierung der Eisenbahn mit einem fundamentalen Mentalitätswandel verbunden.

Ein kultureller Wandel vollzieht sich erfahrungsgemäß konfliktreich (vgl. Hoor 2024). Diejenigen gesellschaftlichen Akteure, die von der etablierten Kultur bisher profitiert haben, sehen sich neuen gesellschaftlichen Akteuren gegenüber, die neue Werte vertreten und eine andere Lebensweise favorisieren. Die ‚Newcomer' wiederum sehen sich anfangs mit Überzeugungen konfrontiert, die für die meisten Menschen selbstverständlich handlungsleitend sind und daher kaum in Frage gestellt werden. Im Ergebnis zeichnen sich etablierte Kulturen durch starke Beharrungskräfte aus und kultureller Wandel vollzieht sich dementsprechend widerständig.

Der politische Kampf

Das zeigt sich aktuell auch in der Autogesellschaft, wo sich die Interpretation des Automobils als zivilisatorische Errungenschaft zunehmend mit einer Kritik an den gesellschaftlichen Folgekosten konfrontiert sieht. Während das auf fossilen Energieträgern basierende aktuelle Verkehrssystem dem Paradigma folgt, ständig wachsende Verkehrsmengen immer schneller über immer größere Distanzen zu organisieren, muss ein nachhaltiges Verkehrssystem, das auf erneuerbare Energien setzt, darauf gerichtet sein, weniger Verkehr zu erzeugen, die Geschwindigkeit zu reduzieren und die zurückzulegenden Entfernungen zu minimieren. Dementsprechend wird ein Elektroauto dann einen

Beitrag zu einer nachhaltigen Verkehrsentwicklung leisten, wenn es klein ist, langsam fährt und geringe Distanzen zurücklegt (Schwedes und Keichel 2021). Stattdessen setzt sich sowohl bei den Verbrennern als auch bei den elektrisch betriebenen Fahrzeugen der Trend zu immer größeren und leistungsstärkeren Fahrzeugen fort – ‚big is sexy' anstatt ‚small is beautifull'.[11]

Wie schwer es ist, einen solchen kulturellen Paradigmenwechsel zu vollziehen, verdeutlicht seit vielen Jahren die Debatte um eine Geschwindigkeitsbegrenzung auf deutschen Autobahnen. Die Argumente für eine Geschwindigkeitsbegrenzung von 130 km/h auf Autobahnen, 80 km/h außerhalb von Ortschaften und 30 km/h innerorts, sind seit Jahrzehnten ausgetauscht und wurden anlässlich der jüngsten politischen Debatte noch einmal zusammengefasst (vgl. UBA 2023). Allein die Geschwindigkeitsbegrenzung von 130 km/h auf deutschen Autobahnen würde die gesellschaftlichen Kosten aufgrund von CO_2-Emissionen, Unfällen, Infrastrukturkosten u. a., um knapp eine Milliarde Euro senken (Gössling et al. 2023). Während alle benachbarten europäischen Länder aus sicherheitspolitischen Gesichtspunkten schon lange eine Geschwindigkeitsbegrenzung eingeführt haben, kommen heute umweltpolitische Gesichtspunkte hinzu. Doch gegenüber den sachlichen Argumenten setzt sich in Deutschland weiterhin die jahrzehntelang gelebte Kultur der ‚freien Fahrt für freie Bürger' durch. Dass diesbezüglich dennoch ein Mentalitätswechsel stattfindet, demonstriert eine Umfrage des *Allgemeinen Deutschen Automobil Clubs* (ADAC 2023), dessen Mitglieder sich mittlerweile zur Hälfte für ein Tempolimit aussprechen.

---

[11] Der SUV Modal X von Tesla ist knapp 2,5 t schwer, verfügt über 1.000 PS und beschleunigt in 2,6 Sek. von 0 auf 100 km/h.

Der Verkehrsinfrastruktur der Autogesellschaft entsprechen „mentale Infrastrukturen" (Welzer 2011) der Menschen. Die Metaphern der ‚Windschutzscheiben-Perspektive' oder das ‚Auto im Kopf' haben einen sehr realen und mittlerweile gut erforschten Hintergrund. Sie beschreiben eine alltagsweltlich verengte Sicht der Autofahrenden, die Verkehr und Mobilität immer vom eigenen Auto aus denken. Dieser mentale Zustand ist im Lebensverlauf der Endpunkt eines Verarmungsprozesses, denn in der Regel beginnt die persönliche Mobilitätsbiografie zu Fuß und wird ergänzt durch das Fahrrad, Hol- und Bringdienste der Erwachsenen, diverse Sharingangebote, Taxifahrten und den öffentlichen Verkehr. Die Nutzungsvielfalt erfährt mit der Anschaffung eines privaten Pkws jedoch ein jähes Ende, denn wenn ein Haushalt sich ein Auto zulegt, werden schon bald alle Wege damit zurückgelegt. Das Auto verdrängt die zuvor genutzten Verkehrsmittel, zu Fuß geht man bis zum Auto, das hoffentlich vor der Tür steht, das Fahrrad wird in den Keller verbannt, Taxifahrten will man sich nicht mehr leisten, und die Jahreskarte des öffentlichen Verkehrs wird abbestellt; der vielbeschriebene ‚Kuckuckseffekt' (Canzler 2021).

Diese starke Fokussierung auf das eigene Auto hat bei den Betroffenen eine eingeschränkte Realitätswahrnehmung zu Folge. Immer wieder wird das Auto beispielsweise als alternativlos beschrieben, obwohl über 60 % der Wege, die mit dem Auto zurückgelegt werden, unter zehn Kilometer lang sind, mehr als 40 % sogar unter fünf Kilometer (Kuhnimhof und Nobis 2018). Die städtischen Gewerbetreibenden sind überwiegend der Überzeugung, dass ihre besten Kundinnen und Kunden mit dem Auto kommen. Deshalb legen sie großen Wert auf nahe gelegene Parkplätze; jeder Parkplatzverlust, etwa zugunsten eines Radwegs, führe zu Umsatzeinbußen. Demgegenüber zeigen wissenschaftliche Untersuchungen, dass die Gewerbetreibenden den Anteil der Autofahrenden an den Kundinnen und Kunden stark überschätzen (Zukunftsnetz Mobilität NRW 2023). Darüber hinaus gibt es seit langem viele nationale und internationale Untersuchungen, die dokumentieren, dass die Reduktion des Autoverkehrs in Einkaufsstraßen zu einer Aufwertung des Stadtraum beiträgt und mehr Zufußgehende und Radfahrende anzieht, die über das Jahr gerechnet öfter kommen und das meiste Geld ausgeben (Grabar 2023).

Diese Beispiele kontrafaktischer Wahrnehmungen von Autofahrenden könnten fortgesetzt werden und ergeben in ihrer Summe ein geschlossenes Weltbild, das der immanenten Weltsicht unserer ‚primitiven' Vorfahren entspricht, das durch Mythen und Riten geprägt war. Dementsprechend spricht der französische Philosoph, Roland Barthes, von den Alltagsmythen moderner Gesellschaften und demonstriert dies u. a. an dem 1955 auf dem Pariser Automobilsalon erstmals der Öffentlichkeit vorgestellten Citroën DS 19: „Ich glaube, dass das Auto heute das genaue Äquivalent der großen gotischen Kathedralen ist. Ich meine damit: eine große Schöpfung der Epoche, die mit Leidenschaft von unbekannten Künstlern erdacht wurde und die in ihrem Bild, wenn nicht überhaupt im Gebrauch von einem ganzen Volk benutzt wird, das sich in ihr ein magisches Objekt zurüstet und aneignet" (Barthes 1964: 76). Die DS war eine Technik- und Designikone, die nicht von dieser Welt schien, was dadurch unterstrichen wurde, dass die Aussprache der Buchstabenfolge DS die französische Bezeichnung für ‚Göttin' (Déesse) ergab. Barthes beobachtet die Salonbesuchenden und beschreibt wie sie sich ehrfürchtig dem Fahrzeug nähern, fasziniert über die glatte Metalloberfläche streichen und die Gummierung der Vollverglasung betasten, beeindruckt die Polster befühlen und die Sitze ausprobieren. Die von Barthes beschriebene symbolische Aufladung des technischen Artefakts und die hier anknüpfende emotionale Beziehung der Fahrzeughalter:innen, verbinden sich zu einer allumfassenden handlungsleitenden Botschaft: Der moderne Mensch ist automobil! Das Prinzip des Mythos besteht darin, solche absoluten Aussage zu treffen und damit ein gesellschaftliches Phänomen zu naturalisieren. Durch den Mythos wird das Automobil nicht mehr als historisches Phänomen wahrgenommen, das von Menschen zu einer bestimmten Zeit, wie wir gesehen haben, gegen oftmals heftige Widerstände eingeführt wurde. Vielmehr erscheint es als das Produkt eines alternativlosen naturwüchsigen Entwicklungsprozesses. Das Ergebnis, so Barthes, ist die Entpolitisierung, der Mythos erlaubt keinen Widerspruch: heilig's Blechle![12]

Der Automythos vermittelt eine Ahnung von der Herausforderung einer nachhaltigen Verkehrsentwicklung, die nur gelingen kann, wenn die fossile Automobilkultur mit ihrer verzerrten Realitätswahrnehmung durch eine postfossile Mobilitätskultur ersetzt wird, die den Menschen im Rahmen gesellschaftlicher Naturverhältnisse begreift (Karathanassis 2023). Dieser Kulturwandel ist aus besagten Gründen mit Konflikten verbunden, weil die tief verinnerlichten Werte und Normen der Autogesellschaft verteidigt werden, so dass Beobachter zu Recht auch von einem Kulturkampf sprechen. Eine Ausgabe der Zeitschrift *Auto Bild* (06.10.2017) demonstriert das exemplarisch für viele andere medial vermittelte Beiträge. Dort heißt es auf der Titelseite „Die Radfahrer spinnen. Sie treten, spucken, pöbeln. Sie rasen ohne Helm und Licht. Sie klauen uns die Straße. Sind Radfahrer wichtiger als Autofahrer?"

---

[12] Die Wirkungsmacht moderner Alltagsmythen bemisst sich im Rahmen kapitalistischer Vergesellschaftung an den Verkaufszahlen. Schon am ersten Tag hatte der Hersteller 12.000 Bestellungen aufgenommen, bis Messeende waren 80.000 Kaufverträge unterzeichnet, bis 1975 wurden insgesamt knapp 1,5 Mio. Fahrzeuge der D-Reihe gebaut.

Ohne die Frage aufzunehmen, zeigt sich hier vor allem, dass der kulturelle Wandel und der damit einhergehende ‚Mindshift' schon begonnen hat. Die Heftigkeit der Reaktion resultiert aus der als Zumutung empfundenen Verlust von dem, was lange Zeit als ‚normal' bzw. selbstverständlich erachtet wurde, wie etwa das kostenlose Parken im öffentlichen Straßenraum. Dass sich der öffentliche Straßenraum gerade dadurch auszeichnet, dass er allen gleichermaßen zugänglich ist und durch parkende Autos privatisiert also der öffentlichen Nutzung entzogen wird, ist eine neue Sicht, die alte Gewissheiten in Frage stellt (Notz 2017). Den betroffenen Autofahrer:innen, die auf ein jahrzehntelanges Gewohnheitsrecht verweisen können, ist das nur schwer zu vermitteln. Vielmehr erfordert ein Kulturwandel gesellschaftliche Akteure, die sich die neuen Werte und Normen zu eigen machen und gegen die alten Überzeugungen in Stellung bringen. Das sind aktuell jene Verkehrsteilnehmenden, die in der Vergangenheit systematisch vernachlässigt und an den (Straßen-)Rand gedrängt wurden. Radfahrende und Zufußgehende kämpfen für ihre Rechte und verlangen eine gerechte Neuaufteilung des öffentlichen Straßenraums (Zavestoski 2014). Darüber hinaus vereint Aktivist:innen unterschiedlichster Couleur die Sorge um die Folgen des Klimawandels und die Kritik am Verkehrssektor.

Die Aufgabe der Politik ist es, diese Konfliktlinien zu identifizieren, öffentlich zur Diskussion zu stellen und auszutragen. Deshalb ist es so wichtig, dass zuvor eine politische Entscheidung für die Verkehrswende getroffen wurde. Politik wurde erfunden, um gesellschaftliche Konflikte auf friedlichem Weg zu lösen. Daher zeichnet sich eine politische Entscheidung dadurch aus, dass sie sich für die Interessen der Einen ausspricht und sich gleichzeitig gegen die Interessen der Anderen richtet. Damit sind Kompromisse nicht kategorisch ausgeschlossen, es sei denn, sie sind faul.

Oder wie es Avishai Margalit (2011: 9) ausdrückt: „Faule, das heißt verwerfliche Kompromisse darf es nicht geben, auch nicht um des Friedens willen nicht." Anders als Margalit, bei dem der Tatbestand der Unmenschlichkeit erfüllt sein muss, bevor von einem faulen, moralisch verwerflichen Kompromiss gesprochen werden darf, ist meine Definition niederschwelliger. Demnach handelt es sich um einen faulen Kompromiss, wenn mit der Vereinbarung übergeordnete politische Ziele korrumpiert werden!

Ein verkehrspolitisches Beispiel ist die in der zweiten Hälfte der 1960er Jahre von der damaligen großen Koalition etablierte Finanzarchitektur der sogenannten ‚Parallelfinanzierung' (Kopper 2007). Die Parallelfinanzierung bildete einen politischen Kompromiss zwischen den Vertreter:innen der Schiene und denen der Straße. Sie garantiert seitdem die gleichmäßige Finanzierung der beiden Verkehrsträger Straße und Schiene, wenn auch auf unterschiedlichen Niveaus. Einerseits ist auf diese Weise bis heute der Konflikt in einer Kompromissformel stillgelegt, indem die im Verkehrssektor bestehenden unterschiedlichen Interessen gleichermaßen zufrieden gestellt werden, andererseits hat die Verkehrspolitik damit das seinerzeit von ihr verfolgte übergeordnete Ziel der Verkehrsverlagerung von der Straße auf die Schiene konterkariert. Deshalb ist bisher keine Verlagerung erfolgt, schlimmer noch, alle Prognosen gehen davon aus, dass sich daran auch bis 2030 nichts ändern wird (Abb. 2.9). Eine konsequente Verfolgung der Verlagerungsziele hätte in den letzten 50 Jahren die Finanzierungsströme sukzessive zugunsten der Schiene und auf Kosten der Straße neu organisieren müssen.

Der Kulturkampf

Neben der politischen Aufgabe im engeren Sinne, allgemein bindende Entscheidungen zu treffen, wird von der

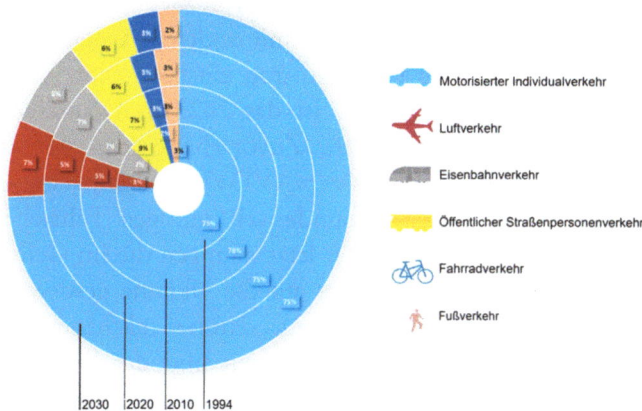

Abb. 2.9 Anteilige Verkehrsleistung der Verkehrsmittel nach zurückgelegten Personenkilometern. (Quelle: Schwedes 2021b: 36)

Politik in demokratischen Gesellschaften zudem erwartet, dass sie ihre Entscheidungen gegenüber der eigenen Bevölkerung legitimiert. Dazu muss sie sich erklären und für alle nachvollziehbar machen, dass ihre Entscheidungen dem Gemeinwohl dienen. Diese aufklärerische Funktion von Politik ist besonders in gesellschaftlichen Umbruchsphasen wichtig, um die Menschen bei der Neuorientierung zu unterstützen und den sozialen Zusammenhalt nicht zu gefährden. Um den Menschen im Hinblick auf die angestrebte nachhaltige Verkehrsentwicklung eine Orientierungshilfe geben zu können, ist es erforderlich, den mentalen Käfig des Automobilismus, der unser Vorstellungsvermögen stark einschränkt, zu verlassen. Wenn wir uns lösen von dem engen Fokus auf den privaten Pkw und die Vielfalt denkbarer Mobilitätsdienstleistungen in den Blick nehmen, eröffnen sich neue Perspektiven auf Verkehr und Mobilität: „New ways of seeing prompt new ways of understanding, and then of acting" (Mulgan 2022: 61).

Ein konkretes Beispiel für den von Geoff Mulgan beschriebenen Prozess, die Welt mit anderen Augen zu betrachten, sie neu zu bewerten und entsprechende Konsequenzen daraus zu ziehen, ist das 2022 in Deutschland eingeführte 9-Euro-Ticket. Zuvor hatte der *Verband Deutscher Verkehrsunternehmen* (VDV) jahrzehntelang erfolglos versucht, einen bundesweit gültigen Fahrschein einzuführen (Fischer 2021). Jetzt zwangen die im Gefolge des russischen Angriffskriegs auf die Ukraine gestiegenen Energiepreise die Politik dazu, darüber nachzudenken, wie die Mobilität der Bürger:innen und der Wirtschaft aufrechterhalten werden kann. Am Anfang stand der von der FDP vertretene, in einer Autogesellschaft naheliegende Gedanke, einen Tankrabatt einzuführen. Daraufhin meldete sich die Partei Bündnis 90/Die Grünen und forderten eine finanzielle Unterstützung des öffentlichen Verkehrs. Das bundesweit gültige Nahverkehrsticket zum Preis von neun Euro hatte dann eine neue Qualität und eröffnete neue Erfahrungsräume. Auf einmal war möglich, was vorher, aus den unterschiedlichsten Gründen, immer undenkbar schien. Diese positive Erfahrung war so eindrücklich, dass sie nach drei Monaten nicht wie geplant wieder rückgängig gemacht werden konnte und das Angebot als Deutschlandticket zum Preis von 49 € fortgesetzt wurde. Allerdings ist das schon wieder ein Rückschritt, weil die 49 € vier Euro über dem Bedarfssatz für Mobilität unterer Einkommensschichten liegen, die seinerzeit vom 9-€-Ticket in besonderem Maße profitiert hatten.

Die gesellschaftliche Debatte über das Für und Wider einer Fortsetzung des Deutschlandtickets verdeutlicht den politischen Kampf um neue Zukunftsbilder innerhalb der Autogesellschaft. Das 9-Euro-Ticket hat gezeigt, dass der Kollektivverkehr mehr sein kann als ein historisches Relikt und eine attraktive Alternative zum Auto bilden könnte; kurz, dass alles auch ganz anders sein kann, als wir es uns in der Autogesellschaft normalerweise vorstellen und zu denken wagen. Eine zukunftsfähige, auf die Verkehrswende gerichtete Verkehrspolitik kann daraus lernen, dass sie neue Denkräume, wie sie im Fall des 9-Euro-Tickets der Krieg erzwungen hat, zukünftig proaktiv selbst eröffnet, um eine gesellschaftliche Diskussion über mögliche Entwicklungspfade einer nachhaltigen Verkehrsentwicklung zu initiieren, die über den beschränkten Horizont der Autogesellschaft hinausreichen. Jörg Metelmann und Harald Welzer haben dafür eine Poetologie der Transformation vorgeschlagen, die darauf gerichtet ist, offene Denkräume zu erschließen: ‚Imagineering'.

„Dem Imagineering im hier vorgeschlagenen Sinne einer Reflexionshaltung kann es nicht um Streitschlichtung oder Parteinahme gehen. Vielmehr müssen Parameter definiert werden, entlang derer man die Praxis beschreiben kann, die zu einem neuen Gesellschaftsgedicht werden soll, das der Herausforderung eines substanziellen Wandels der Mensch und Natur überfordernden Wachstumsidee der letzten 250 Jahre gerecht werden kann" (Metelmann und Welzer 2020: 28).

Mit den Parametern verweisen Metelmann und Welzer auf den normativen Rahmen, innerhalb dessen Zukünfte einer nachhaltigen Entwicklung imaginiert werden sollen. Dieser normative Rahmen umfasst einen Kanon neuer handlungsleitender Werte, der von der Politik im Sinne der übergeordneten Nachhaltigkeitsziele definiert und gegen widerstreitende Interessen durchgesetzt werden muss. Damit schließt sich der Kreis und wir sind wieder bei den oben erwähnten gesellschaftlichen Konflikten, die von der Politik identifiziert, auf die politische Agenda gesetzt und ausgetragen werden müssen. Erst dann, wenn mit dem neuen Wertekanon die Flugbahn einer nachhaltigen Verkehrsentwicklung politisch entschieden wurde, kann die Imagination von Zukünften beginnen.

Exkurs: Mobilitätsbildung

Bisher war viel von der bestehenden Automobilitätskultur die Rede, die unser Denken und Handeln prägt, indem sie ein Verständnis von Mobilität hervorbringt, das einen privaten Pkw voraussetzt. Vor diesem Hintergrund wurden Überlegungen angestellt, wie die automobilen Denkschablonen, wenn schon nicht aufgelöst, so wenigstens umgangen werden können, um neue Gedanken einer nachhaltigen Mobilität zu ermöglichen. Der angestrebte Kulturwandel ist deshalb so anstrengend und schwierig, weil er auf Menschen trifft, die automobil sozialisiert wurden und gewohnt sind, sich in der Autogesellschaft zu bewegen. Wenn das lange Zeit gesellschaftlich akzeptierte Lebenskonzept in Frage gestellt wird, erzeugt das bei den Betroffenen Widerstand, und Konflikte sind unvermeidlich.

Schon vor fast 50 Jahren zeigte der französische Sozialphilosoph André Gorz dass die gesellschaftliche Ideologie des Autos nur durch eine kulturelle Revolution zu durchbrechen sei, die jedoch nicht von der herrschenden Klasse (rechts wie links) zu erwarten sei (Gorz 1975: 54). Auch wenn an dem skizzierten mühsamen Vorgehen, das auf eine kurzfristige Intervention gerichtet ist, kein Weg vorbeiführt, soll hier im Sinne von Gorz ein weiterer Ansatz beworben werden, mit dem die Entwicklung einer neuen Mobilitätskultur zukünftig unterstützt werden könnte. Dieser ist langfristig angelegt und hat den Charme, die mentalen Infrastrukturen der Autogesellschaft zu vermeiden, indem er sie gar nicht erst entstehen lässt. Denn wir werden ja nicht mit dem Auto im Kopf geboren, vielmehr befällt uns das ‚Autovirus' (Knoflacher) erst im Laufe unseres Lebens und sein Befall könnte womöglich durch eine, um im Bilde zu bleiben, prophylaktische Impfung verhindert werden. Dazu sollten bildungspolitische Konzepte für Kinder im Vorschul- und Grundschulalter genutzt werden, um das Thema Verkehr und Mobilität frühzeitig zu vermitteln (Mackowiak 2007).

Entsprechend dem in der deutschen Nachhaltigkeitsstrategie verankerten Programm „Bildung und nachhaltige Entwicklung" (BNE) sollte der technokratische Ansatz der Verkehrserziehung durch ein pädagogisches Konzept der Mobilitätsbildung ersetzt werden (Schwedes und Pech 2023). Die Verkehrserziehung war eine Reaktion auf die rasant steigenden Unfallzahlen als Folge der Massenmotorisierung, wovon insbesondere Kinder betroffen waren, die bis dahin selbstverständlich auf der Straße gespielt hatten. Das Ziel der Verkehrserziehung war es, den Kindern beizubringen, wie sie sich in einem unsicheren Verkehrssystem angemessen verhalten müssen, um zu überleben. Demgegenüber bildet bei der Mobilitätsbildung das kritische Hinterfragen der Regeln des Verkehrs das zentrale Motiv, wobei es vor allem darum geht, Schüler:innen zur Offenheit, Reflexivität und Zukunftsorientierung zu befähigen (Spitta 2020: 15). Das operationalisierbare Ziel einer neuen Konzeption von Mobilitätsbildung ist die (individuelle) Einsicht in die Notwendigkeit einer sozial- und umweltgerechten Mobilität. Der emanzipative Charakter bildet somit das Fundament von Mobilitätsbildung. Die Zielstellung ist es, eine wohlbegründete Positionierung bezüglich der eigenen Mobilität auszubilden und diese autonom zu gestalten bzw. verantwortlich sowie rücksichtsvoll wahrzunehmen.

Hier könnte der kreative Imaginationsprozess einsetzen, wie ihn sich Metelmann und Welzer vorstellen. Anders als im Fall der Erwachsenen, wo zunächst widerständige Denkmuster in Schwingungen versetzt werden müssen, treffen sie hier auf eine Kindern eigentümliche Neugier und Offenheit (Schneider und Schmalt 2000). Daran kann angeknüpft werden, um die Kinder bei der eigenständigen Reflexion einer zukunftsfähigen Mobilitätskultur zu unterstützen.

Beispielsweise könnte man Kinder anleiten, sich spielerisch über die Vorzüge und Nachteile des Autofahrens und der damit verbundenen ‚Selbstbeweglichkeit' auszutauschen. Besteht der besondere Reiz des Autos darin, dass man es selbst steuern kann, wie häufig behauptet, und ist das der entscheidende Vorteil gegenüber dem öffentlichen Verkehr, wo ich einer vorgegebenen Streckenführung ausgeliefert bin und gefahren werde? Ist das Auto der Inbegriff individueller Freiheit und notwendiger Bestandteil persönlicher Selbstverwirklichung, die in kollektiven Verkehrsmitteln wie Bus und Bahn nicht zu erreichen ist?

In diesem Zusammenhang könnte man die Kinder für die wechselvolle Geschichte des ‚Selbst-Fahrens' und des ‚Gefahren-Werdens' sensibilisieren. Demnach verband sich lange Zeit mit dem Reiten zu Pferd ein Ausdruck der Stärke und Macht von Kriegern und Herrschenden, während Frauen in Kutschen gefahren wurden. Als im 16. Jahrhundert dann Prunkwagen entwickelt wurden, wechselten die Herrschenden vom Pferd auf die Kutsche (Berns 1996). Gefahren-Werden galt nun als Zeichen der privilegierten Stellung in der Gesellschaft und war deshalb attraktiver als das Selbst-Steuern. Diese Deutung hatte bis zu den Anfängen der Automobilisierung Gültigkeit: Gottlieb Daimler, so wird behauptet, ging noch davon aus, dass sich maximal 5000 Automobile verkaufen ließen, weil es zu seiner Zeit nicht mehr Chauffeure gab. Wie wir gesehen haben, kam es anders, aber eben nicht notwendigerweise. Das eröffnet Zukunftsperspektiven!

Die historische Debatte über das Für und Wider des ‚Selbst-Fahrens' und ‚Gefahren-Werdens' führt die Kinder dann direkt in die Gegenwart des autonomen Fahrens, das ebenfalls ganz unterschiedliche Formen annehmen kann. Ist es für sie ein faszinierender Gedanke, sich zukünftig vom eigenen Auto fahren zu lassen, während die Familie gemeinsam am Computer spielt? Was würde es bedeuten, wenn demnächst jeder Haushalt über einen autonom fahrenden Pkw verfügt? Oder können sich die Kinder womöglich ganz andere Einsatzmöglichkeiten im Sinne einer nachhaltigen Verkehrsentwicklung vorstellen?

Auf diese Weise verständigt sich eine neue Generation darüber, wohin die Reise gehen soll und welchen Preis sie bereit ist, dafür zu zahlen. Während sich die Erwachsenen heute keine Rechenschaft darüber ablegen müssen und auf Kosten zukünftiger Generationen bewusstlos einen exzessiven Mobilitätsstil praktizieren, werden die nächsten Generationen gezwungen sein, die Folgen ihres eigenen Mobilitätsverhaltens zu reflektieren. Wie sie die Herausforderung einer nachhaltigen Verkehrsentwicklung meistern, wird davon abhängen, ob es ihnen gelingt, sich von einer technisch getriebenen Verkehrsentwicklung zu befreien und für soziale Ziele nutzbar zu machen (Illich 2014). Durch eine Mobilitätsbildung könnten wir sie darin unterstützen.

Als der marxistische Sozialphilosoph Herbert Marcuse gefragt wurde, was die Menschen nach der Revolution mit ihrer Zeit anfangen sollen, wenn sie nicht mehr dem Wachstumsparadigma folgend einen exzessiven Lebensstil praktizieren müssen, der sie etwa dazu zwingt, wachsende Verkehrsmengen zu erzeugen, um sich immer schneller über ständig zunehmende Distanzen zu bewegen, antwortete er: „Wir werden die großen Städte zerstören und neue bauen. Das wird uns eine Weile beschäftigen." Diese Anekdote hatte André Gorz seinerzeit zum Anlass genommen, eine vom Auto befreite Stadt zu imaginieren:

> „Man kann sich vorstellen, dass neue Städte Zusammenschlüsse von Gemeinden (oder Vierteln) sein werden, die von Grüngürteln umgeben sind, wo die Bewohner – und besonders die ‚Schüler' – jede Woche mehrere Stunden verbringen, um die für ihren Lebensunterhalt erforderliche frische Nahrung selbst anzupflanzen. Für ihre tägliche Fortbewegung wird ihnen eine ganze Reihe von Verkehrsmitteln zur Verfügung stehen, wie sie einer mittelgroßen Stadt angepasst sind: städtische Fahrräder, Straßenbahnen oder Trolleybusse, Elektrotaxis ohne Chauffeur. Für längere

Strecken aufs Land sowie für den Transport von Gästen wird ein Pool städtischer Automobile in den Garagen des Viertels allen zur Verfügung stehen. Das Auto wird keine Notwendigkeit mehr sein. Denn alles wird sich verändert haben: die Welt, das Leben, die Leute. Und das wird nicht ganz von selbst geschehen sein" (Gorz 1975: 63 f.).

Die von Gorz vor nahezu einem halben Jahrhundert formulierte Vision einer zukunftsfähigen Stadt- und Verkehrsentwicklung, die alle wesentlichen Aspekte der heutigen stadt- und verkehrspolitischen Debatten umfasst, zeigt auf eindrucksvolle Weise, dass Imagination funktioniert, auch bei Erwachsenen. Es lässt sich erahnen, welches Möglichkeitsräume erst die Vorstellungskraft von Kindern eröffnen.

2.2.3 Migration ist die Lösung

Mit Blick auf die Zukunftsperspektiven einer nachhaltigen Verkehrsentwicklung hatte ich zunächst auf die Grenzen technischer Innovationen und den besonderen Stellenwert der Politik verwiesen. Ausgehend von der Einsicht, dass technische Innovationen eine wichtige Voraussetzung bilden, aber allein nicht zum Ziel führen, besteht die zentrale politische Aufgabe darin, aktiv ergänzende soziale Innovationen zu unterstützen, die mit Veränderungen unseres Mobilitätsverhaltens einhergehen. Demnach können technische Innovationen die automobile Antriebswende vom Verbrennungsmotor zum Elektroantrieb ermöglichen, aber erst in Verbindung mit einem kollektiven Nutzungskonzept würde das Elektroauto einen Beitrag zu einer nachhaltigen Verkehrsentwicklung leisten. Wie wir gesehen haben, berührt die Änderung unseres Mobilitätsverhaltens direkt unseren ebenso exzessiven wie expansiven Lebensstil, der darauf angewiesen ist, dass wachsende Verkehrsmengen im globalen Maßstab über immer größere Distanzen organisiert werden und dies – um dabei keine Zeit zu verlieren – mit zunehmender Beschleunigung. Demensprechend legen heute Millionen Pendler:innen im Durchschnitt täglich deutlich mehr Kilometer auf ihrem Weg zum Arbeitsplatz zurück als vor dreißig Jahren, ohne dass es sie mehr Zeit kostet.[13] Diese Mobilitätskultur ist unter Nachhaltigkeitsgesichtspunkten nicht aufrechtzuerhalten und erfordert eine Neubewertung von Mobilität und Verkehr, die jedoch auf die starken Beharrungskräfte lange etablierter Überzeugungsmuster treffen. Indem die Politik durch geeignete Maßnahmen eine Veränderung des Mobilitätsverhaltens unterstützt und den Menschen neue Erfahrungsräume eröffnet, wie etwa das Deutschlandticket, kann sie auch eine Neubewertung des öffentlichen Verkehrs befördern. Zugleich ist die Politik auf den Kulturwandel angewiesen, wenn sie konkrete Maßnahmen erfolgreich umsetzen möchte, um die Bürger:innen von einer nachhaltigen Verkehrentwicklung zu überzeugen. Diese Wechselseitigkeit erfordert einen konstruktiven Aushandlungsprozess, in dem Konflikte identifiziert, öffentlich diskutiert und schließlich politisch entschieden werden.

In diesem Kapitel möchte ich abschließend auf Entwicklungen eingehen, die uns als Folge unseres raumgreifenden Lebensstils einholen und anders als Politik und Kultur von uns nicht mehr proaktiv gestaltet werden können, sondern die uns zum Handeln zwingen. Bisher habe ich für eine nachhaltige Verkehrsentwicklung argumen-

---

[13] Bezüglich der räumlichen Bewegung wird in der Verkehrswissenschaft auch von einem konstanten Reisezeitbudget gesprochen, das in der Menschheitsgeschichte seit der Sesshaftigkeit und unabhängig von der jeweiligen Kultur bei jedem Menschen durchschnittlich eineinhalb Stunden täglich beträgt (Marchetti 1994).

tiert, um dem Klimawandel mit seinen für die Natur und den Menschen desaströsen Folgen entgegenzuwirken. Tatsächlich bin ich nach wie vor der Überzeugung, dass wir so handeln sollten, als wollten wir den Klimawandel verhindern, obwohl die Menschen seine Folgen heute schon in allen Weltregionen hautnah erleben. Die Folgen des Klimawandels zu thematisieren bedeutet nicht, die Klimaziele aufzugeben, vielmehr wird unser Umgang mit den Folgen des Klimawandels darüber entscheiden, welches Ausmaß die gravierenden Folgen des Klimawandels annehmen werden (Laukenmann 2024).

Unser weltweit etablierter ressourcenintensiver Lebensstil hat das ökologische Gleichgewicht schon jetzt in mehrfacher Hinsicht tiefgreifend gestört (Saito 2023). Das gilt beispielsweise für den weltweiten Wasserkreislauf, der durch eine intensive Landwirtschaft in Anspruch genommen wird, die 70 % der Wasserressourcen nutzt (WMO 2023). Das hat für 3,6 Mrd. Menschen (40 % der Weltbevölkerung) zur Folge, dass sie mindestens einen Monat im Jahr nicht über genügend Trinkwasser verfügen. Wenn sich die aktuelle Entwicklung fortsetzt, werden davon im Jahr 2050 voraussichtlich mehr als fünf Milliarden Menschen betroffen sein.

Ein ähnliches Bild ergibt sich mit Blick auf die Wälder, deren Entwaldung seit Jahren voranschreitet (WWF 2023). Zwischen 2011 und 2021 ist die Waldfläche weltweit um elf Prozent zurückgegangen. Die Gründe dafür sind menschlichen Aktivitäten wie die Landwirtschaft, der Infrastrukturausbau und die Ausdehnung von Städten. Zur Landwirtschaft zählen auch die schon erwähnten riesigen Kautschukplantagen, auf denen zum allergrößten Teil das Gummi für die weltweite Autoreifenproduktion geerntet wird. Hier wird mit einer stark wachsenden Nachfrage gerechnet, die zur weiteren Abholzung von Regenwäldern führen würde. Die Hauptursache für die weltweite Entwaldung ist der Bergbau. Während die Förderung fossiler Energieträger wie die Kohle rückläufig ist, nimmt der Abbau neuer Rohstoffe wie der seltenen Erden stetig zu. Sie bilden insbesondere die zentrale Ressource zur Herstellung von Batterien für Elektroautos. Dazu werden aktuell weltweit neue Vorkommen erschlossen, wie der Lithiumabbau in der im Südwesten Spaniens gelegenen Extremadura auf Kosten des bewaldeten Naturparks *Sierra de la Mosca* (Osusky 2021). Von Volkswagen ist eine Batteriefabrik in Barcelona geplant, um nach eigenen Angaben die nachhaltige Mobilität der Zukunft voranzutreiben. Eigentlich soll die Waldvernichtung bis 2030 gestoppt sein, allerdings liegt die globale Bruttoabholzung aktuell 21 % über dem Wert, der erforderlich wäre, um die Entwaldung bis dahin zu beenden.

Um die Klimaziele in Europa noch zu erreichen, müssten die mit Verbrennungsfahrzeugen zurückgelegten Kilometer bis 2030 im Vergleich zu 2018 um 55 % zurückgehen (T&E 2023). Selbst eine ambitionierte Elektrifizierung der Fahrzeugflotte kann diesen Rückgang nicht mehr vollständig kompensieren, ganz zu schweigen von den damit verbundenen Umweltschäden. Vielmehr bestätigt sich hier noch einmal eindrücklich, dass das Elektroauto auf dem Wachstumspfad keinen Beitrag zu einer nachhaltigen Verkehrsentwicklung leisten wird. Stattdessen muss das Verkehrswachstum insgesamt gestoppt werden, bei Verbrennungsfahrzeugen ebenso wie bei Elektrofahrzeugen.

Vor diesem Hintergrund ist es nicht mehr realistisch, das 2015 in dem Pariser Klimaschutzabkommen vereinbarte Ziel einer globalen Erderwärmung unter 2 Grad gemessen an der vorindustriellen Zeit noch einzuhalten. Dazu müsste beispielsweise Europa seine CO_2-Emissionen bis 2030 dreimal so schnell reduzieren wie bisher (CAN 2023). Das Gleiche gilt für Deutschland, besonders im

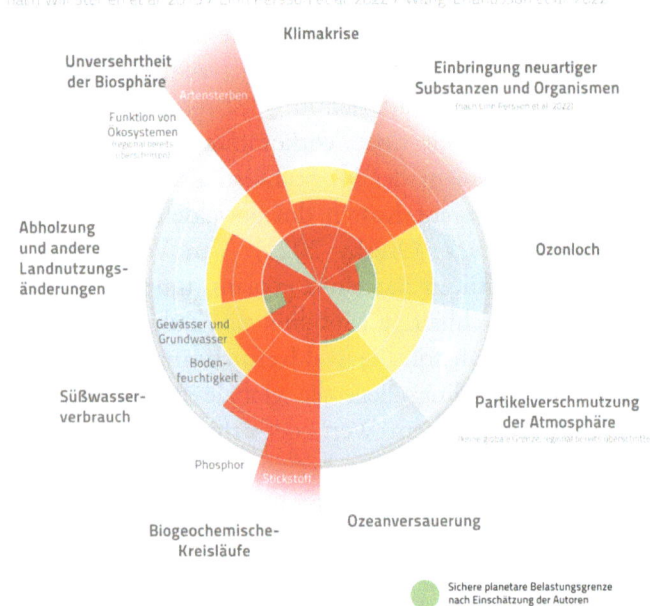

Abb. 2.10 Ökologische Belastungsgrenzen. (Felix Joerg Mueller, https://commons.wikimedia.org/wiki/File:Planetare_Belastungsgrenzen_2022.png, https://creativecommons.org/licenses/by-sa/4.0/legalcode)

Verkehrssektor (CAT 2023). Nachdem die Ampelregierung auf Drängen des Verkehrsministers den Verkehrssektor aus der Verpflichtung entlassen hat, seine Sektorenziele zu erreichen, wird er auf absehbare Zeit keinen Beitrag zur Reduktion der CO_2-Emissionen leisten. Im globalen Maßstab sind von den insgesamt neun ökologischen Belastungsgrenzen heute schon sechs überschritten (Abb. 2.10).

Es kann zwar niemand sagen, wann das Gesamtsystem kollabieren wird, beunruhigend sind aber sogenannte ‚Kipppunkte', von denen angenommen wird, dass sie eine unumkehrbare Kettenreaktion auslösen, auf die der Mensch dann keinen Einfluss mehr haben wird (Richardson et al. 2023). Wenn auch weitgehend unklar ist, wann und unter welchen Voraussetzungen der Zusammenbruch zu erwarten ist, kann aufgrund der wenig ambitionierten Aktivitäten, insbesondere im Verkehrsbereich, davon ausgegangen werden, dass die globalen Temperaturen das 2-Grad-Ziel überschreiten werden (IPCC 2023). Die sich daraus ergebenden Umwelteffekte und die Auswirkungen, die sie auf das Leben der Menschen auf der Erde haben werden, lassen sich wiederum recht gut prognostizieren (Murphy et al. 2018).

Wenn sich die aktuellen Entwicklungstrends wie Brände, Hitzephänomene, Trockenheit und Überschwemmungen fortsetzen, wird sich auf der Südhalbkugel ein wachsender unbewohnbarer Gürtel bilden, der Länder wie große Teile Asiens, Afrikas, Lateinamerikas und Ozeaniens umfasst, wo heute noch die meisten Menschen leben, die noch dazu zu den Ärmsten zählen und sich kaum gegen diese Entwicklungen schützen können (Xu et al. 2020). Schon in den letzten zehn Jahren wurden jährlich 21,5 Mio. Menschen durch Extremwetter zur Migration gezwungen, ein Vielfaches derjenigen, die aufgrund kriegerischer Konflikte oder als politische Flüchtlinge ihr Land verlassen mussten. Sollte sich die globale Klimaerwärmung wie bisher fortsetzen und 2030 die 1,5 Grad übersteigen, werden rund drei Milliarden Menschen an unwirtlichen Orten leben, wo ihnen ein Überleben immer weniger möglich sein wird (WMO 2021). Die Internationale Organisation für Migration rechnet damit, dass 2050 bis zu 1,5 Mrd. Menschen ihre Heimat verlassen müssen. Der Zufluchtsort wird dann voraussichtlich nördlich des 45. Breitengrads liegen, der zwar nur 15 % der Fläche des Planeten umfasst, aber aus 29 % des eisfreien Landes besteht. Hier befinden sich reiche Industrieländer wie die USA,

Europa und Japan, deren Bevölkerung aufgrund sinkender Geburtenraten schrumpft und überdies rasant altert, so dass sie zunehmend auf junge Arbeitskräfte angewiesen sind. Allein Deutschland benötigt in den nächsten zwanzig Jahren mindestens zehn Millionen Arbeitskräfte, um die Wirtschaft am Laufen zu halten und seinen Wohlstand zu erhalten (Fuchs und Kubis 2015).

Die sich abzeichnenden weltweiten Migrationsströme erinnern daran, dass der ‚Homo sapiens' die längste Zeit in der Menschheitsgeschichte ein ‚Homo migrans' war und rund 300.000 Jahre als Jäger und Sammler umherzog, bevor er vor 12.000 Jahren sesshaft wurde. Oder wie es Klaus Bade (2000) ausdrückt, Wanderungen gehören zur Conditio Humana wie Geburt, Fortpflanzung, Krankheit und Tod. Hier knüpfen auch der Historiker Kai Michel und der Anthropologe Carel van Schaik an, die darauf verweisen, dass unsere Vorfahren als Jäger und Sammler in kleinen Gruppen lebten und darauf angewiesen waren, sich wechselseitig zu unterstützen (Michel und van Schaik 2023). Ihnen zufolge ist der ‚Homo sapiens' eigentlich eine sehr kooperative, egalitäre und solidarische Spezies. Diese Eigenschaften seien im Laufe der Sesshaftigkeit verloren gegangen, als in den letzten 5000 Jahren große Herrschaftsapparate errichtet wurden, die sich durch eine wachsende soziale Ungleichheit auszeichneten und seitdem miteinander konkurrieren bzw. gegeneinander Kriege führen. Während die politische Herrschaft in jüngster Zeit demokratisiert wurde, blieben die Eigentumsprivilegien und die ungleiche Verteilung von Besitz bis heute weitgehend bestehen und haben sich weltweit noch vertieft (Oxfam 2024). Sie blockieren soziale Gleichheit, die die Grundlage für eine nachhaltige gesamtgesellschaftliche Entwicklung bildet, und müssen deshalb im globalen Maßstab neu verhandelt werden.

In diesem Sinne sieht die Wissenschaftsjournalistin Gaia Vince (2023) in den sich anbahnenden weltweiten Migrationsbewegungen die Chance, das globale Zusammenleben der Menschen nachhaltig neu zu gestalten. Wie Michel und van Schaik erinnert auch sie an das kreative Potential von Migrationsprozessen, die schon in der Vergangenheit die Grundlage für den Erfolg aller wichtigen Städte gebildet haben. Im Mittelalter folgten Leibeigene dem Versprechen ‚Stadtluft macht frei' und flüchteten sich vor ihren Feudalherren in die neu entstehenden Bürgerstädte, die sich daraufhin zu Innovationszentren entwickelten. Auch die rasant wachsenden europäischen Industriestädte des 19. Jahrhunderts wirkten als Integrationsmaschinen für internationale Migrantenströme und brachten schließlich all jene Neuerungen hervor, die ein Zusammenleben so vieler Menschen auf engstem Raum überhaupt erst ermöglichten, angefangen mit der Wasserver- und Abwasserentsorgung über die Energieversorgung bis zu den neuen Stadtverkehrssystemen (Lenger 2014).

Seitdem setzte sich die Urbanisierung weltweit fort, wobei sich die Städte immer wieder mit großen internationalen Migrationsbewegungen konfrontiert sehen. Heute leben mehr als die Hälfte der Weltbevölkerung in Städten und die Urbanisierung der Menschheit schreitet weiter voran, bis 2050 rechnen die Vereinten Nationen damit, dass von den dann weltweit zehn Milliarden Menschen zwei Drittel in Städten leben werden (UN 2019b). In Kombination mit den durch den Klimawandel weltweit veränderten Lebensbedingungen besteht Gaia Vince zufolge die Herausforderung erneut darin, das Zusammenleben von großen Menschenmengen auf begrenztem Raum zu organisieren, diesmal im globalen Maßstab. Motiviert durch die positive Migrationsgeschichte der Menschheit, zeigt Vince eindrucksvoll, wie auch die aktuelle Herausforderung konstruktiv gestaltet werden kann.

„Die Massenmigration wird eine Umwälzung bedeuten, doch sie muss keine Katastrophe sein: Womöglich wirkt sie sich sogar positiv aus. Die Erfahrung, auszuwandern und die Gesellschaft – die eigene neue Heimat – mit den Augen einer anderen Kultur zu sehen, kann ein kreativer Ansporn sein. Die Musik, die Küche, die Sprachen, die gesprochen werden – das alles vervielfältigt sich durch Immigration. Diese Vielfalt ist eine große Bereicherung für ein Land, dessen Städte dadurch inklusiver, toleranter und interessanter werden" (Vince 2023: 158).

Indem Vince den bisher angstbesetzten Migrationsdebatten mit konkreten Lösungsmöglichkeiten begegnet, imaginiert sie ein gelungenes Leben aller Menschen auf dieser Erde. Ihre vielfältigen Hinweise sind nicht nur mit Blick auf das Szenario erzwungener weltweiter Migrationsbewegungen aufgrund klimabedingter unwirtlicher Lebensverhältnisse bedenkenswert, vielmehr demonstrieren ihre Vorschläge die Möglichkeit der aktiven Gestaltung eines nachhaltigen Zusammenlebens von zehn Milliarden Menschen. Indem Vince zeigt, dass wir über alle dafür notwendigen Mittel verfügen, formuliert sie eine konkrete Utopie, die wir uns auch dann zu eigen machen können, wenn wir dem Zwang ihres Klimaszenarios nicht folgen; einfach nur aufgrund der vernünftigen Einsicht: „Migration ist nicht das Problem, sie ist die Lösung" (ebd.: 16).

Auch wenn Vince auf die Verkehrsentwicklung nicht explizit eingeht, ist offensichtlich, dass die Mobilität der Weltbevölkerung auf engstem Raum wesentlich effektiver organisiert werden kann als heute, wo Menschen und Güter über den gesamten Erdball transportiert werden. Aber unabhängig davon, ob wir den Verkehr in Zukunft selbstbewusst nachhaltig gestalten oder von selbstverschuldeten Klimakatastrophen zum Handeln getrieben werden, in jedem Fall liegt es an uns, eine allgemeinverbindliche politische Entscheidung zu treffen. Damit schließt sich der Kreis und wir kommen zurück zum Anfang des Kapitels, wo die These entwickelt wurde, dass die Zukunft politisch ist. Wenn die politische Entscheidung vor der Krise getroffen wird, ist die Wahrscheinlichkeit erfahrungsgemäß größer, zu demokratisch abgewogenen, für alle Beteiligten akzeptablen Lösungen zu gelangen, wie von Vince vorgeschlagen. Demgegenüber dominiert in Krisensituationen der im Sinne der ‚Staatsraison' autoritärer Regime gewaltsam exekutierte Ausnahmezustand (Voigt 2019). Dass sich in jüngster Zeit zunehmend autoritäre Regime auf Kosten demokratischer Gesellschaften durchsetzen, ist daher beunruhigend.

3

Fazit

Seit den Anfängen der Menschheitsgeschichte bis zur industriellen Revolution Mitte des 19. Jahrhunderts war die Geschwindigkeit, mit der sich die Menschen bewegten, relativ konstant. Das natürliche Maß der Biokonverter (Mensch und Tier) bestimmte die Möglichkeiten und Grenzen der räumlichen Bewegung. Die anfänglich langen Zeiträume der menschlichen Entwicklung spiegeln die uns heute kaum noch bewusste Bedeutung dieser Vorgeschichte. Demgegenüber umfasst die jüngere Geschichte eine kurze Zeitspanne, prägt aber unser Selbstverständnis zweifellos am stärksten. Wir halten es für natürlich, uns täglich in rasender Geschwindigkeit über weite Strecken von einem Ort zum anderen zu bewegen.[1]

---

[1] Mit der Fertigstellung des Buchs ist die großartige Welt-Umwelt-Geschichte von Werner Bätzing (2023) erschienen, die ich leider nicht mehr angemessen würdigen konnte. Während ich die Menschheitsgeschichte unter dem Gesichtspunkt der Verkehrsentwicklung betrachte und Schlussfolgerungen für eine

Erst in jüngster Zeit entwickeln wir ein Verständnis für die mit dieser Entwicklung verbundenen gesellschaftlichen Probleme. Noch erscheint es vielen Menschen völlig selbstverständlich, mit einem der zunehmend beliebten SUVs (Sport Utility Vehicle) zwei Tonnen in Bewegung zu versetzen, um unseren zarten Hintern zu transportieren. Jede ökonomische Analyse kommt jedoch zu dem Ergebnis, dass hier Aufwand und Ertrag in keinem angemessenen Verhältnis zueinander stehen. Mehr noch, die Hälfte der in deutschen Städten mit dem Auto zurückgelegten Wege sind unter fünf Kilometer, könnten also problemlos mit dem Fahrrad bewältigt werden. Bei einem durchschnittlichen Autobesatz von 1,3 Personen, könnte man dieselbe Strecke in derselben Zeit auch mit einem Dreiliterauto zurücklegen, welches der Volkswagenkonzern schon Ende der 1990er Jahre gebaut hatte. Das Dreiliterauto hat sich allerdings in den letzten zwanzig Jahren nicht ‚auf dem Markt'[2] behaupten können, stattdessen sind die Autos seitdem in Umfang und Gewicht durchschnittlich um 30 % gewachsen. Die besonders großen und schweren SUVs und Geländewagen machen schon 40 % der Neuzulassungszahlen aus, Tendenz steigend. Die deutschen Städte wiederum sind auf Radfahrende nicht eingestellt, vielmehr bringt das Radfahren im Vergleich zum Autofahren ein erhöhtes Sicherheitsrisiko mit sich.

---

zukunftsfähige Entwicklung ziehe, hat Bätzing in seinem Opus Magnum mit einem ähnlichen Anliegen eine allumfassende Perspektive der Auseinandersetzung des Menschen mit den Naturverhältnissen gewählt. Wem der vorliegende Band nicht schon Zumutung genug ist, der sollte sich bei Bätzing das vollständige Bild vor Augen führen.

[2] Die Floskel ‚auf dem Markt' ist insofern ideologisch, als sie auf ein vermeintlich neutrales Feld verweist, in dem sich stets das Richtige bzw. Beste durchsetzt. Tatsächlich ist jeder Markt sozial konstruiert und von Macht- und Herrschaftsstrukturen durchzogen (Herzog 2018).

Wie lässt sich eine so ineffektive Lebensweise erklären? Ganz einfach, wir können uns das leisten! Die deutsche Bevölkerung zählt zu den zehn Prozent der reichen Weltbevölkerung, die sich einen luxuriösen Lebensstil erlauben kann. Das Fahren mit einem Auto ist Luxus! Diese basale Einsicht ist den wenigsten Menschen, die es betrifft, noch bewusst. Vielmehr gilt das Auto als ein ‚Grundbedürfnis', für die meisten Menschen ist es aus dem Alltag kaum noch wegzudenken. Das hat einen realen Hintergrund, weil wir unser Leben so organisiert und strukturiert haben, dass viele Menschen vom Auto abhängig sind. Auch hier gilt, dass gesellschaftliche Verhältnisse als selbstverständlich vorausgesetzt werden, obwohl es lange gedauert hat, bis die notwendigen Rahmenbedingungen geschaffen waren, die eine Nutzung des privaten Autos durch die Mehrheit der Bevölkerung überhaupt erst ermöglicht haben. Wie wir gesehen haben, mussten sie anfangs sogar gegen massiven Widerstand durchgesetzt werden.

Entstanden ist ein Verkehrssystem, das auf rund 650.000 Straßenkilometern basiert, 14.500 Tankstellen und 430 Raststätten umfasst, und dessen reibungsloser Betrieb durch mehr als 10.000 Fahrschulen und über 36.000 Kraftfahrzeugwerkstätten aufrechterhalten wird. Die genannten Infrastrukturen müssen ihrerseits unterhalten werden, von Baufirmen, Betreibern von Tankstellen, Rast- und Werkstätten und anderen mehr. Gespeist wird das Verkehrssystem von den Automobilkonzernen, die Jahr für Jahr dreieinhalb Millionen Neuwagen für den deutschen Markt produzieren. Schließlich werden die Autofahrerinnen und Autofahrer auf das Engste betreut, um sich in diesem System sicher bewegen zu können. Das beginnt mit der Verkehrserziehung in der Grundschule über die Fahrschulausbildung zur Erlangung des Führerscheins und die alltägliche Kontrolle von Regelverstößen durch die Polizei bis zu den diversen Auto-Klubs, die ihre Mitglieder auch für das verbleibende Restrisiko noch versichern. In dem Maße, wie das Funktionieren unserer Gesellschaft von diesen Voraussetzungen abhängt, können wir von einer ‚Autogesellschaft' sprechen. Dieser fundamentale Wandel von der Eisenbahn- zur Autogesellschaft erfolgte in der kurzen Zeitspanne von einhundert Jahren und verdeutlich die rasante Geschwindigkeit gesamtgesellschaftlicher Veränderungen.

Mindestens ebenso bedeutend wie die harten Verkehrsinfrastrukturen sind die weichen mentalen Infrastrukturen, jene tief verwurzelten Überzeugungen, an denen wir ganz selbstverständlich unser Handeln orientieren. Sie äußern sich in weitgehend routinisierten Handlungen, die wir durchführen, ohne noch darüber nachzudenken. In der Autogesellschaft steht den meisten Menschen das Auto als primäres Transportmittel vor Augen; selbst denjenigen, die es sich nicht leisten können, ist es bis heute das Objekt der Begierde. Demgegenüber wirken die Alternativen blass und grau, den öffentlichen Verkehr nutzen diejenigen gezwungenermaßen, die keine Alternative haben. Das Radfahren ist gesund, aber nicht so komfortabel wie das Auto, Zufußgehen schließlich ist nicht ‚cool', das kann ja jeder. Im Ergebnis legen wir die meisten Wege mit dem Auto zurück, selbst jene, die leicht mit dem Fahrrad oder sogar zu Fuß zu bewältigen wären.

Der politische Apell, auf das eigene Auto zu verzichten und stattdessen andere Verkehrsmittel zu nutzen, wirkt vor diesem Hintergrund wenig überzeugend. Vielmehr erklären die beschriebenen Beharrungskräfte die tiefgreifende Diskrepanz von politischem Anspruch einerseits und tatsächlicher Verkehrsentwicklung andererseits. In der Autogesellschaft kann sich kaum jemand vorstellen, dass es auch ohne Auto geht. Das Auto ist nicht nur in aller Munde, sondern auch im Kopf eines jeden und verstellt alternative Möglichkeitsräume. Auch im globalen Kontext gilt das private Auto als zivilisatorische Errungenschaft, der Höhepunkt menschlicher Entwicklung. Alles, was kleiner, langsamer, weniger individuell, weniger komfortabel ist, wird demgegenüber als historischer Rückschritt wahrgenommen.

Der Blick zurück in die Menschheitsgeschichte sollte zeigen, dass es die meiste Zeit auch anders ging: kleiner, langsamer und weniger komfortabel. Dass diese Alternative aus dem Auto durch die Windschutzscheibe betrachtet, armselig wirkt, liegt vor allem daran, dass viele die Leistungen der Vergangenheit entweder nicht kennen oder geringschätzen. Die borniert Perspektive der Autogesellschaft lässt jegliche Relationen vergessen, als wären die Jahrtausende zuvor allenfalls Vorgeschichte gewesen, ohne echte Entwicklung, ohne ernsthaften Fortschritt. Erst die durch die Freisetzung der fossilen Energieträger ermöglichte Entwicklung seit der Industriellen Revolution, die vorher nie gekannte ökonomische Wachstumsraten und eine gewaltige Beschleunigung zur Folge hatte, erscheint vielen Menschen heute als ernstzunehmende Leistung und Maßstab zukünftiger Entwicklung.

Die Steigerung des Wohlstands muss nicht ignoriert oder kleingeredet werden, um dennoch die globalen Grenzen dieses Fortschrittsmodells zu erkennen (Altvater und Mahnkopf 2007). Eine weltweite Ausbreitung des damit verbundenen extensiven Lebensstils scheint kaum denkbar, sie scheitert schon an den fehlenden Ressourcen. Die Erinnerung daran, dass es sich menschheitsgeschichtlich betrachtet hierbei um einen verschwindend geringen Zeitraum handelt, womöglich um einen Ausnahmezustand, der nicht mehr von langer Dauer sein kann, ist ebenso beängstigend wie beruhigend. Die Angst entsteht zunächst, weil wir scheinbar keine Alternative zu einem Verkehrssystem denken können, das dem Paradigma des ‚Höher, Schneller, Weiter' folgt. Der Blick in die Menschheitsgeschichte hingegen zeigt, dass fortschrittliche Entwicklung Jahrtausende lang auch anders möglich war – bescheidener. Insofern könnte sich der Blick zurück als Blick in die Zukunft erweisen.

Der Mensch hat heute eine größere Gestaltungsmacht als jemals zuvor und kann diese zudem viel bewusster einsetzen. Damit ist auch seine Verantwortung gestiegen, so zu agieren, dass sein Handeln jederzeit zur Maxime des Handelns aller erhoben werden kann, wie es der Philosoph Immanuel Kant (1788) vor mehr als zweihundert Jahren formuliert hat. Ihm ging es seinerzeit um den Weltfrieden, der heute, nach Beendigung des Ost-West-Konflikts, entgegen allen Erwartungen, nicht weniger gefährdet scheint als damals. Der Weltfrieden ist heute eng verknüpft mit dem Umgang der Menschen mit der Natur bzw. der Nutzung der natürlichen Ressourcen (UN 2019a; IPCC 2007). Sowohl die ungleiche Ressourcenverteilung als auch die unterschiedliche Betroffenheit von negativen Auswirkungen der Umweltzerstörung provozieren weltweite Konflikte, wenn die einen sehen, was sich die anderen auf ihre Kosten leisten (Behr 2022). Eine ernstzunehmende Debatte über eine Energiewende findet in Deutschland erst seit der Verabschiedung des Gesetzes zur Einführung erneuerbarer Energien im Jahr 2000 statt. Während im Zusammenhang mit dem Ausstieg aus der Atomenergie 2011 die Energiewende politisch entschieden wurde, gibt es bisher jedoch keine entsprechende politische Entscheidung für eine Verkehrswende. Stattdessen basiert das Verkehrssystem weltweit noch nahezu vollständig auf fossilen Energieträgern.

Es stellt sich daher die Frage, wie wir unser Leben auf eine Weise organisieren können, die nicht auf eine expansive Verkehrsentwicklung angewiesen ist, die weltweit immer mehr negative Umweltfolgen produziert und damit das friedliche Zusammenleben gefährdet. Die

3 Fazit

Hoffnungen einer friedlichen weltweiten Entwicklung nach dem Ende des Kalten Krieges vor dreißig Jahren hat sich auch deshalb nicht erfüllt, weil diese Frage weder gestellt, geschweige denn beantwortet wurde. Mit Blick auf eine nachhaltige Verkehrsentwicklung waren die letzten 30 Jahre verlorene Jahrzehnte. Die nächsten 30 Jahre müssen politisch aktiv gestaltet werden, wenn die vereinbarten Klimaziele bis 2050 erreicht werden sollen. Der Wandel des globalen Verkehrssystems von der fossilen zu einer post-fossilen Mobilitätskultur erfordert eine gesamtgesellschaftliche Transformation, wie sie die Menschen schon mehrfach erlebt haben. Der wesentliche Unterschied besteht heute darin, dass die Menschen in modernen Gesellschaften sich für diesen Wandel bewusst entscheiden müssen, um ihn politisch gestalten zu können. Die zentrale gesellschaftliche Bedeutung des Verkehrs in der Menschheitsgeschichte hat gezeigt, dass Verkehrspolitik zukünftig als Gesellschaftspolitik verstanden und entsprechend umgesetzt werden muss.

Literatur

ADAC – Allgemeiner Deutscher Automobil-Club (2023): Tempolimit auf Autobahnen: Die Fakten. https://www.adac.de/verkehr/standpunkte-studien/positionen/tempolimit-autobahn-deutschland/ (26.10.2023).

AEE – Agentur für Erneuerbare Energie (2016): Forschungsradar Energiewende Juli 2016. Metaanalyse: Maßnahmen und Instrumente für die Energiewende im Verkehr. Berlin.

Alexander, Jeffrey C. (1993): Soziale Differenzierung und kultureller Wandel: Studien zur neofunktionalistischen Gesellschaftstheorie. Frankfurt/Main & New York.

Altvater, Elmar & Birgit Mahnkopf (1999): Grenzen der Globalisierung. Ökonomie, Ökologie und Politik in der Weltgesellschaft. Münster.

Bade, Klaus J. (2000): Europa in Bewegung. Migration vom späten 18. Jahrhundert bis zur Gegenwart. München.

Bätzing, Werner (2023): Homo Destructor. Eine Mensch-Umwelt-Geschichte. Von der Entstehung des Menschen zur Zerstörung der Welt. München.

Barthes, Roland (1964): Mythen des Alltags. Frankfurt/Main.

Baumann, Zygmund (1998): Globalization. The Human Consequences. Cambridge.
Becker, Peter (2010): Aufstieg und Krise der deutschen Stromkonzerne. Bochum.
Behr, Alexander (2022): Globale Solidarität: Wie wir die imperiale Lebensweise überwinden und die sozial-ökologische Transformation umsetzen. München.
Behring, Karin (2002): Wohneigentum in Europa. Hrsg. von der Wüstenrot Stiftung. Ludwigsburg.
Behringer, Wolfgang (2002). Im Zeichen des Merkur. Reichspost und Kommunikationsrevolution in der Frühen Neuzeit. Göttingen.
Berger, Peter A., Ronald Hitzler (2010): Individualisierung. Ein Vierteljahrhundert „jenseits von Stand und Klasse"? Wiesbaden.
Berns, Jörg Jochen (1996): Die Herkunft des Automobils aus Himmelstrionfo und Höllenmaschine. Berlin.
Bhagwati, Jagdish (2004): In Defense of Globalization. Oxford.
BMUB – Bundesministerium für Umwelt, Naturschutz, Bau und Reaktorsicherheit (2007): LEIPZIG CHARTA zur nachhaltigen europäischen Stadt. Berlin. https://www.bmuv.de/fileadmin/Daten_BMU/Download_PDF/Nationale_Stadtentwicklung/leipzig_charta_de_bf.pdf (26.10.2023).
BMVI – Bundesministerium für Verkehr und digitale Infrastruktur. 2013. Die Mobilitäts- und Kraftstoffstrategie der Bundesregierung. Energie auf neuen Wegen. URL: https://www.bmvi.de/SharedDocs/DE/Publikationen/G/energie-auf-neuen-wegen.pdf?__blob=publicationFile (26.10.2023).
Böge Stephanie L. (1992): Die Auswirkungen des Straßengüterverkehrs auf den Raum. Erfassung und Bewertung von Transportvorgängen in einem Produktlebenszyklus am Beispiel von Milchprodukten (Der Weg eines Erdbeerjoghurts). Diplomarbeit an der Universität Dortmund.
Borscheid, Peter (2004): Das Tempo-Virus. Eine Kulturgeschichte der Beschleunigung. Frankfurt/Main.
Breton, Davis de (2019): Lob des Gehens. München.

Bruegmann, Robert (2005): Sprawl. A Compact History. Chicago & London.
Bühler, Ralph & Uwe Kunert (2008): Trends und Determinanten des Verkehrsverhaltens in den USA und in Deutschland. Endbericht. Forschungsprojekt im Auftrag des Bundesministeriums für Verkehr, Bau und Stadtentwicklung. Berlin. fi-le:///D:/Dokumente2023/Buehler_Kunert_Verkehrsverhalten.pdf (26.10.2023).
CAN – Climate Action Network (2023): Time to step up national climate action. An assessment of the draft National Energy and Climate Plans. Brussels.
Canzler, Weert (2021): Der ‚Kuckuckseffekt'. Datenreport 2021, der Bundeszentrale für Politische Bildung. https://www.bpb.de/kurz-knapp/zahlen-und-fakten/datenreport-2021/umwelt-energie-und-mobilitaet/330365/der-kuckuckseffekt/ (26.10.2023).
CAT – Climate Action Tracker (2023): Germany. https://climateactiontracker.org/countries/germany/ (26.10.2023).
Chilla, Tobias, Olaf Kühne, Markus Neufeld (2016): Regionalentwicklung. Stuttgart.
Conert, Hansgeorg (2002): Vom Handelskapital zur Globalisierung. Entwicklung und Kritik der kapitalistischen Ökonomie. 2. Auflage. Münster.
Cresswell, Tim (2006): On the Move. Mobility in the Modern Western World. New York & London.
Demografie Portal (2023): Lebensformen https://www.demografie-portal.de/DE/Fakten/lebensformen.html (26.10.2023).
Dinzelbacher, Peter (2008): Religiosität im Mittelalter. In: Peter Dinzelbacher (Hrsg.): Europäische Mentalitätsgeschichte. Stuttgart, S. 120–137.
Dinzelbacher, Peter (1996): Angst im Mittelalter. Paderborn.
Dommann, Monika (2023): Materialfluss. Eine Geschichte der Logik an den Orten ihres Stillstands. Frankfurt/Main.
Duchêne-Lacroix, Cédric (2011): Mit Abwesenheit umgehen. Kontinuität und Verankerung einer transnationalen Lebensführung jenseits territorialer Abgrenzungen. In: Informationen zur Raumentwicklung, Heft 1/2, S. 87–98.

EEA – European Environment Agency (2017): EU greenhouse gas emissions from transport increase for the second year in a row. Kopenhagen.

Ehmer, Josef (2011): Quantifying Mobility in Early Modern Europe. The Challenge of Concepts and Data. In: Journal of Global History 6/2, S. 327–338.

Fansa, Mamoun & Stefan Burmeister (Hrsg.) (2004): Rad und Wagen. Der Ursprung einer Innovation. Wagen im Vorderen Orient und Europa. Mainz.

Fischer, Elke (2021): eTicket Deutschland – ein Ticket für jedermann in unterschiedlichen Verkehrsregionen. In: Thilo Becker et al. (Hrsg.): Handbuch der kommunalen Verkehrsplanung, Loseblattsammlung, Beitragsnummer 3.4.9.5. Berlin & Offenbach.

Fischman, Robert (1987): Bourgeois Utopias. The Rise and Fall of Suburbia. New York.

Flannery, Tim (2011): Auf Gedeih und Verderb. Die Erde und wir: Geschichte und Zukunft einer besonderen Beziehung. Frankfurt/Main.

Flassbeck, Heiner & Paul Steinhardt (2018): Gescheiterte Globalisierung: Ungleichheit, Geld und die Renaissance des Staates. Frankfurt/Main.

Flink, James J. (1990): The Automobile Age. Cambridge, Massachusetts.

Forbes, Robert J. (1993): Studies in Ancient Technology, Bd. 2. Leiden et al.

Frankopan, Peter (2023): Zwischen Erde und Himmel. Klima: Eine Menschheitsgeschichte. Berlin.

Fraunholz, Uwe (2002): Motorphobia. Anti-automobiler Protest in Kaiserreich und Weimarer Republik. Göttingen.

Fremdling, Rainer (1975): Eisenbahn und deutsches Wirtschaftswachstum 1840–1879. Dortmund.

Frey, Martin 2018): Wege zu Macht und Wohlstand. Das Straßensystem der Römerzeit. In: Kurt Andermann & Nina Gallion (Hrsg.): Weg und Steg. Aspekte des Verkehrswesens von der Spätantike bis zum Ende des Alten Reiches. Ostfildern, S. 11–28.

Frick, Jonas (2020): Politik der Geschwindigkeit. Gegen die Herrschaft des Schnellen. Berlin.
Fried, Johannes (2008): Das Mittelalter. Geschichte und Kultur. München.
Friedell, Egon (2012): Kulturgeschichte der Neuzeit: Die Krisis der europäischen Seele von der Schwarzen Pest bis zum Ersten Weltkrieg. München.
Fuchs, Johann & Alexander Kubis (2016): Zuwanderungsbedarf und Arbeitskräfteangebot bis 2050. Wie viele Zuwanderer benötigt Deutschland für ein konstantes Erwerbspersonenpotenzial? In: WISTA – Wirtschaft und Statistik, Sonderheft 7/2016, S. 103–113.
Fukuyama, Francis (1992): Das Ende der Geschichte. Wo stehen wir? Berlin.
Gardiner, Jonathan & Michael Jakob (2022): G7 Climate Crossroads: State of Play. Ecologic Institute, Berlin. https://www.wwf.de/fileadmin/fm-wwf/Publikationen-PDF/Klima/WWF-Studie-G7-Climate-Crossroads.pdf (26.10.2023).
Geisel, Sieglinde (2008): Irrfahrer und Weltenbummler. Wie das Reisen uns verändert. Berlin.
Gellner, Ernest (1993): Pflug, Schwert und Buch. Grundlinien der Menschheitsgeschichte. Stuttgart.
Glaser, Hermann (2016): Zum kulturellen Bedeutungswandel des Verkehrs in der Menschheitsgeschichte. In: Oliver Schwedes, Weert Canzler, Andreas Knie: Handbuch Verkehrspolitik. Wiesbaden, S. 55–76.
Glaser, Hermann (1986): Das Automobil. Eine Kulturgeschichte in Bildern. München.
Glaser, Hermann & Norbert Neudecker (1984): Die Deutsche Eisenbahn. Bilder aus ihrer Geschichte. München.
Glaser, Hermann & Thomas Werner (1990): Die Post in ihrer Zeit. Eine Kulturgeschichte menschlicher Kommunikation. Heidelberg.
Glaubrecht, Matthias (2019): Das Ende der Evolution. Der Mensch und die Vernichtung der Arten. München.
Goethe, Johann Wolfgang (1786): Italienische Reise. Sixtinische Kapelle, 02.12.1786. Projekt Gutenberg-DE. https://

www.projekt-gutenberg.org/goethe/italien/ital164.html (26.10.2023).

Gorz, André (1975/2009): Auswege aus dem Kapitalismus. Beiträge zur politischen Ökologie. Zürich: Rotpunkt.

Gössling, Stefan, Jessica Kees, Todd Litman, Andreas Humpe (2023): The economic cost of a 130 kph speed limit in Germany. In: Ecological Economics 209, S. 1-9. https://doi.org/10.1016/j.ecolecon.2023.107850

Gössling, Stefan, Jessica Kees, Todd Litman (2022): The lifetime cost of driving a car. In: Ecological Economics 194, S. 1-10. https://doi.org/10.1016/j.ecolecon.2023.107850.2021.107335

Götz, Konrad, Jutta Deffner, Thomas Klinger (2016): Mobilitätsstile und Mobilitätskulturen. Erklärungspotentiale, Rezeption und Kritik. In: Oliver Schwedes, Weert Canzler, Andreas Knie (Hrsg.): Handbuch Verkehrspolitik. Wiesbaden, S. 181–804.

Grabar, Henry (2023): Paved Paradise. How Parking Explains the World. New York.

Grier, Nadine R., Regina Mukhamedzyanova, Vita E. M. Zimmermann-Janssen (2021): Nachhaltigkeitsbewusstsein 2021. Eine Bestandsaufnahme des Nachhaltigkeitsbewusstseins der Menschen in Deutschland. Studie für die Wissenschaftsplattform Nachhaltigkeit 2030. Düsseldorf: Heinrich-Heine-Universität Düsseldorf, Institut für Verbraucherwissenschaften. https://doi.org/10.48481/iass.2021.024.

Hayen, Hajo (1986): Der Wagen im altgriechischen Kulturbereich. In: Wilhelm Treue (Hrsg.): Achse, Rad und Wagen. Fünftausend Jahre Kultur- und Technikgeschichte. Göttingen, S. 60–79.

Heinrich Heine (1981): Sämtliche Schriften in zwölf Bänden. Hrsg. V. Klaus Briegleb. Bd. 9: Schriften 1831–1955. Hrsg. V. Karl Heinz Stahl. Berlin, S. 449.

Helmold, Marc (2021): Innovatives Lieferantenmanagement. Wertschöpfung in globalen Lieferketten. Wiesbaden.

Herrmann, Ulrike (2019): Deutschland, ein Wirtschaftsmärchen. Warum es kein Wunder ist, dass wir reich geworden sind. Frankfurt/Main.
Hervey C. Peoples, Pavel Duda, Frank W. Marlowe (2016): Hunter-Gatherers and the Origins of Religion. In: Human Nature, Heft 27, S. 261–282. https://doi.org/10.1007/s12110-016-9260-0
Herzog, Lisa (2018): Reclaiming the System. Moral Responsibility, Divided Labour, and the Role of Organizations in Society. Oxford.
Hesse, Markus (1993): Verkehrswende: Ökologisch-ökonomische Perspektiven für Stadt und Region. Marburg.
Hille, Claudia (2022): Zwischen hier und dort: Die Auswirkungen berufsbedingter residenzieller Multilokalität auf das Verkehrshandeln. Wiesbaden.
Hilti, Nicola (2013): Lebenswelten multilokal Wohnender. Eine Betrachtung des Spannungsfeldes von Bewegung und Verankerung. Wiesbaden.
Hirschl, Bernd & Thomas Vogelpohl (2020): Energiepolitik in Deutschland und Europa. In: Jörg Radtke & Weert Canzler (Hrsg.): Energiewende. Eine sozialwissenschaftliche Einführung. Wiesbaden, S. 69–95.
Hoor, Maximilian (2023): Urbanes Radfahren und Mobilitätskulturen im Wandel. Eine Synthese aus empirischer Kulturanalyse, Mobilitäts- und Verkehrsforschung am Beispiel städtischer Fahrradszenen in Berlin. Berlin.
Horn-Effenberger, Jannik (2024): Die Zukunft des Pendelns. Eine Szenarioanalyse zu den Herausforderungen einer nachhaltigen Entwicklung im Kontext einerIntegrierten Verkehrsplanung. Münster.
Huber, Felix & Oliver Schwedes (2021): Autos und Stadtraum. In. Thilo Becker et al. (Hrsg.): Handbuch der kommunalen Verkehrsplanung, Loseblattsammlung, Beitragsnummer 2.3.3.2. Berlin & Offenbach.
IEA – International Energy Agency (2023a): Greenhouse Gas Emissions from Energy 2022. Database documentation.

Paris. https://www.iea.org/reports/co2-emissions-in-2022 (26.10.2023).

IEA – International Energy Agency (2023b): World Energy Outlook 2022. Paris. https://iea.blob.core.windows.net/assets/830fe099-5530-48f2-a7c1-11f35d510983/WorldEnergyOutlook2022.pdf (26.10.2023).

Illich, Ivan (2014): Selbstbegrenzung. Eine politische Kritik der Technik. München.

Illich, Ivan (1974): Energy and Equity. London: Calder & Boyars.

IPCC – Intergovernmental Panel on Climate Change (2007): Summary for Policymakers. In: Climate Change 2007: The Physical Science Basis. Contribution of Working Group I to the Fourth Assessment Report of the Intergovernmental Panel on Climate Change [Solomon, S., D. Qin, M. Manning, Z. Chen, M. Marquis, K. B. Averyt, M.Tignor and H. L. Miller (eds.)]. Cambridge, UK and New York. https://archive.ipcc.ch/pdf/assessment-report/ar4/wg1/ar4-wg1-spm.pdf (26.10.2023).

IPCC – Intergovernmental Panel on Climate Change (2023): Summary for Policymakers. In: Climate Change 2023: Synthesis Report. Contribution of Working Groups I, II and III to the Sixth Assessment Report of the Intergovernmental Panel on Climate Change [Core Writing Team, H. Lee and J. Romero (eds.)]. IPCC, Geneva, Switzerland. https://doi.org/10.59327/IPCC/AR6-9789291691647.001

IOICA – International Organization of Motor Vehicle Manufacturers (2023): Production Statistics. https://www.oica.net/category/production-statistics/2022-statistics/ (26.10.2023).

Jochum, Georg (2022): Jenseits der Expansionsgesellschaft. Nachhaltiges Dasein und Arbeiten im Netz des Lebens. München.

Johanek, Peter (2012): Die Straße im Recht und in der Herrschaftsausübung des Mittelalters. In: Kornelia Holzner-Tobisch, Thomas Kühtreiber, Gertrud Blaschitz (Hrsg.): Die Vielschichtigkeit der Straße. Wien, S. 233–262.

Kant, Immanuel (1788/2000): Kritik der praktischen Vernunft. Grundlegung zur Metaphysik der Sitten. Frankfurt/Main.

Karathanassis, Athanasios (2023): Kapitalistische Naturverhältnisse. Ursachen von Naturzerstörung: Begründungen einer Postwachstumsökonomie. Hamburg.

Kaschuba, Wolfgang (2004): Die Überwindung der Distanz. Zeit und Raum in der europäischen Moderne. Frankfurt/Main.

Kemfert, Claudia (2023): Schockwellen: Letzte Chance für sichere Energien und Frieden. München.

Knoflacher, Hermann (2009): Virus Auto: Die Geschichte einer Zerstörung. Wien.

Kramer, Karsten (2002): Wagen in der Antike. Studienarbeit im Seminar für Alte Geschichte an der Rheinischen Friedrich-Wilhelms-Universität Bonn. München.

Knie, Andreas (2005): Das Auto im Kopf. Die Auswirkungen moderner Verkehrsinfrastruktur auf die Mobilität der Bevölkerung im ländlichen Raum. Zeitschrift für Agrargeschichte und Agrarsoziologie, Heft 1, S. 59–69.

Knie, Andreas (1997): Die Interpretation des Autos als Rennreiselimousine: Genese, Bedeutungsprägung, Fixierungen und verkehrspolitische Konsequenzen. In: Hans Liudger Dienel & Helmuth Trischler (Hrsg.): Geschichte der Zukunft des Verkehrs. Verkehrskonzepte von der Frühen Neuzeit bis zum 21. Jahrhundert. Frankfurt/Main & New York, S. 243–259.

Koch, Eckard (2023). Die Entwicklung des Welthandels. In: Internationale Wirtschaftsbeziehungen I. Wiesbaden. https://doi.org/10.1007/978-3-658-40069-9_1

Kopper, Christopher (2007): Die Bahn im Wirtschaftswunder. Deutsche Bundesbahn und Verkehrspolitik in der Nachkriegszeit. Frankfurt/Main & New York.

Korn, Wolfgang (2017): Die Weltreise einer Fleeceweste. Eine kleine Geschichte über die große Globalisierung. Berlin.

Krause, Johannes & Thomas Trappe (2021): Hybris. Die Reise der Menschheit: Zwischen Aufbruch und Scheitern. Berlin.

Kuhnimhof, Tobias & Claudia Nobis (2018): Mobilität in Deutschland. Ergebnisbericht. Bonn. https://bmdv.bund.de/SharedDocs/DE/Anlage/G/mid-ergebnisbericht.pdf?__blob=publicationFile (26.10.2023).

Laak, Dirk van (2018): Alles im Fluss. Die Lebensadern unserer Gesellschaft. Frankfurt/Main.

Laukenmann, Joachim (2024): Bericht des Weltwirtschaftsforums: Forscher warnen vor Millionen Todesfällen wegen der Klimakrise Folgen des Klimawandels für die globale Gesundheit. Süddeutsche Zeitung, 16.01.2024.

Lemcke, Lukas (2016): Imperial Transportation and Communication from the Third to the Late Fourth Century. The Golden Age of the cursus publicus. Collection Latomus, Band 353. Brüssel.

Lenger, Friedrich (2014): Metropolen der Moderne: Eine europäische Stadtgeschichte seit 1850. München.

Lessing, Hans-Eberhard (2003): Automobilität. Karl Drais und die unglaublichen Anfänge. Leipzig.

Levinson, Marc (2016): The Box. How the Shipping Container Made the World Smaller and the World Economy Bigger. Princeton & Oxford.

Lipietz, Alain (1985): Akkumulation, Krisen und Auswege aus der Krise: Einige methodische Anmerkungen zum Begriff der „Regulation". In: Prokla, Heft 58, S. 109–137.

List, Friedrich (1838): Das deutsche National-Transport-System in volks- und staatswirtschaftlicher Beziehung. In: Staats-Lexikon oder Enzyklopädie der Staatswissenschaft. Hrsg. v. Carl von Rotteck und Carl Welcker. Bd. 4. Altona 1839, S. 1.

Mackowiak, Katja (2007): Ängstlichkeit, Angstbewältigung und Fähigkeiten einer „theory of mind" im Vorschul- und Grundschulalter: Zusammenhänge zwischen motivationaler und kognitiver Entwicklung. Hamburg.

Maddison, Angus (2001): The World Economy: A Millennial Perspective. Paris.

Marchetti, Cesare (1994): Anthropological Invariants in Travel Behaviour. In: Technological Forecasting and Social Change 47, S. 75–88.

Margalit, Avihai (2011): Über Kompromisse und faule Kompromisse. Frankfurt/Main.

Meadows, Dennis, Donella H. Meadows, Erich Zahn, Peter Milling (1972): Die Grenzen des Wachstums. Bericht des Club of Rome zur Lage der Menschheit. München.

Meier, Mischa (2019): Geschichte der Völkerwanderung. Europa, Asien und Afrika vom 3. bis zum 8. Jahrhundert n. Chr. München.

Merki, Christoph M. (2008): Verkehrsgeschichte und Mobilität. Stuttgart.

Merki, Christoph M. (2002): Der holprige Siegeszug des Automobils, 1895–1930. Zur Motorisierung des Straßenverkehrs in Frankreich, Deutschland und der Schweiz. Wien.

Metelmann, Jörg & Harald Welzer (Hrsg.) (2020): Imagineering. Wie Zukunft gemacht wird. Frankfurt/Main.

Milovanoff, Alexandre, Daniel I. Posen, Heather L. MacLean (2020): Electrification of light-duty vehicle fleet alone will not meet mitigation targets. In: Nature Climate Change 10, S. 1102–1107. https://doi.org/10.1038/s41558-020-00921-7

Mom, Gijs (2004): The Electric Vehicle. Technology and Expectations in the Automobile Age. Baltimore & London.

Möser, Kurt (2002): Geschichte des Autos. Frankfurt/Main & New York.

Morris, Ian (2020): Beute, Ernte, Öl. Wie Energiequellen Gesellschaften formen. München.

Morris, Ian (2012): Wer regiert die Welt? Warum Zivilisationen herrschen oder beherrscht werden. Frankfurt/Main & New York.

Mulgan, Geoff (2022): Another World is Possible. How to Reignite Social and Political Imagination. London.

Murphy, James M., Glen R. Harris, David M. H. Sexton, Elizabeth J. Kendon, Philip E. Bett, Robin T. Clark, Karen E. Eagle, Giorgia Fosser, Fai Fung, Jason A. Lowe, Ruth E.

McDonald, Rachel N. McInnes, Carol F. McSweeney, John F. B. Mitchell, Jon W. Rostron, Hazel E. Thornton, Simon Tucker, Kuniko Yamazaki (2018): UKCP18 Land Projections: Science Report. UK Met Office.

Niemitz, Carsten (2004): Das Geheimnis des aufrechten Ganges. Unsere Evolution verlief anders. München.

Notz, Nino (2017): Die Privatisierung öffentlichen Raums durch parkende KFZ. Von der Tragödie einer Allmende: Über Ursache, Wirkung und Legitimation einer gemeinwohlschädigenden Regulierungspraxis. IVP-Discussion Paper, Heft 1/2017. Berlin. https://www.static.tu.berlin/fileadmin/www/10002265/Discussion_Paper /DP10_Notz_Privatisierung_oeffentlichen_Raums_durch_parkende_Kfz.pdf (26.10.2023)

OECD – Organisation for Economic Co-Operation and Development (2023): https://www.oecd.org/ (26.10.2023).

Öko-Institut (1980): Energiewende. Wachstum und Wohlstand ohne Erdöl und Uran. Freiburg.

Ohler, Norbert (1991): Reisen im Mittelalter. Zürich & München.

Ohlhorst, Dörte (2020): Biographie der Energiewende im Stromsektor. In: Jörg Radtke & Weert Canzler (Hrsg.): Energiewende. Eine sozialwissenschaftliche Einführung. Wiesbaden, S. 97–122.

Oltmer, Jochen (2016): Migration vom 19. bis zum 21. Jahrhundert. Berlin & Boston.

Oreskes, Naomi & Erik M. Conway (2014): Die Machiavellis der Wissenschaft: Das Netzwerk des Leugnens. Weinheim.

Osterhammel, Jürgen (2009): Die Verwandlung der Welt. Eine Geschichte des 19. Jahrhunderts.

Osusky, Linda (2021): Das weisse Gold. In: Lithium Welten, 22.04.2021. https://lithiumwelten.com/weisses-gold/ (26.10.2023)

Oxfam (2024): Inequality Inc. How corporate power divides our world and the need for a new era of public action. Oxford. https://doi.org/10.21201/2024.000007.

Oxfam (2020): Im Schatten der Profite. Wie die systematische Abwertung von Hausarbeit, Pflege und Fürsorge Ungleichheit schafft und vertieft. Berlin. https://www.oxfam.de/system/files/2020_oxfam_ungleichheit_studie_deutsch_schatten-der-profite.pdf (26.10.2023).

Parzinger, Hermann (2014): Die Kinder des Prometheus. Eine Geschichte der Menschheit vor der Erfindung der Schrift. München.

Petzold, Knut (2013): Multilokalität als Handlungssituation. Lokale Identifikation, Kosmopolitismus und ortsbezogenes Handeln unter Mobilitätsbedingungen. Wiesbaden.

Polster, Werner & Klaus Voy (1993): Eigenheim und Automobil – Materielle Fundamente der Lebensweise. In: Klaus Voy, Werner Polster, Claus Thomasberger (Hrsg.): Gesellschaftliche Transformationsprozesse und materielle Lebensweise, Marburg, S. 293–356.

Radkau, Joachim & Lothar Hahn (2013): Aufstieg und Fall der deutschen Atomwirtschaft. München.

Radtke, Jörg & Weert Canzler (Hrsg.) (2020): Energiewende. Eine sozialwissenschaftliche Einführung. Wiesbaden.

Rammler, Stephan (2008): The Wahlverwandtschaft of Modernity and Mobility. In: Weert Canzler, Vincent Kaufmann, Sven Kesselring (Hrsg.): Tracing Mobilities. Towards a Cosmopolitan Perspective. Aldershot & Burlington, S. 57–75.

Reichholf, Josef H. (2008): Warum die Menschen sesshaft wurden. Das größte Rätsel unserer Geschichte. Frankfurt/Main.

Reid, Carlton (2015): Roads Were Not Built for Cars: How cyclists were the first to push for good roads & became the pioneers of motoring. Washington DC.

Reinhard, Wolfgang (2016): Die Unterwerfung der Welt. Globalgeschichte der europäischen Expansion 1415–2015. München.

Reuschke, Darja (2013): Multilokale Lebensformen und ihre räumlichen Auswirkungen in der Zweiten Moderne. In: Oliver Schwedes (Hrsg.): Räumliche Mobilität in der Zweiten Moderne. Freiheit und Zwang bei Standortwahl und Verkehrsverhalten. Münster, S. 237–255.

Richardson, Katherine, Will Steffen, Wolfgang Lucht, Jørgen Bendtsen, Sarah E. Cornell, Jonathan F. Donges, Markus Drüke, Ingo Fetzer, Govindasamy Bala, Werner von Bloh, Georg Feulner, Stephanie Fiedler, Dieter Gerten, Tom Gleeson, Matthias Hofmann, Willem Huiskamp, Matti Kummu, Chinchu Mohan, David Nogués-Bravo, Stefan Petri, Miina Porkka, Stefan Rahmstorf, Sibyll Schaphoff, Kirsten Thonicke, Arne Tobian, Vili Virkki, Lan Wang-Erlandsson, Lisa Weber, Johan Rockström (2023). Earth beyond six of nine planetary boundaries. In: Science Advances 9, Nr. 37, S. 1–16.

Roberts, Alice (Hrsg.) (2012): Die Anfänge der Menschheit. Vom aufrechten Gang bis zu den frühen Hochkulturen. München.

Rolshoven, Johanna & Justin Winkler (2009): Multilokalität und Mobilität. In: Informationen zur Raumentwicklung. Heft 1–2, 2009, S. 99–106.

Sachs, Wolfgang (1990): Die Liebe zum Automobil. Ein Rückblick in die Geschichte unserer Wünsche. Reinbek bei Hamburg.

Saito, Kohei (2023): Systemsturz. Der Sieg der Natur über den Kapitalismus. München.

Sahlins, Marshall (1974): Stone Age Economics. London.

Schier, Michaela (2016): Everyday Practices of Living in Multiple Places and Mobilities: Transnational, Transregional, and Intra-communal Multi-local Families. In: Majella Kilkey & Ewa Palenga-Möllenbeck (Eds.): Family Life in an Age of Migration and Mobility. Global Perspectives through the Life Course. London, S. 43–69. https://doi.org/10.1057/978-1-137-52099-9_3

Schimank, Uwe (2015): Differenzierung und Integration der modernen Gesellschaft. Beiträge zur akteurszentrierten Differenzierungstheorie, Band 1. Wiesbaden.

Schivelbusch, Wolfgang (2004): Geschichte der Eisenbahnreise. Zur Industrialisierung von Raum und Zeit im 19. Jahrhundert. Frankfurt/Main.

Schlögel, Karl (2011): Im Raume lesen wir die Zeit. Über Zivilisationsgeschichte und Geopolitik. Frankfurt/Main.

Schlögel, Karl (2006): Planet der Nomaden. Berlin.

Schmidt, Rudi (2017): Fordismus/Massenproduktion. In: Hartmut Hirsch-Kreinsen/ Heiner Minssen (Hrsg.): Lexikon der Arbeits- und Industriesoziologie. 2. Auflage. Baden-Baden, S. 143–148.

Schmidt, Gert (2018): Automobil und Automobilismus. In: Oliver Schwedes (Hrsg.): Verkehrspolitik. Eine interdisziplinäre Einführung. Wiesbaden, S. 373–393.

Schmidt-Kallert, Einhard (2011): Transnationalisierung, Multilokalität und Stadt. Essay, ILS Jahresbericht 2011, S. 13.

Schneider, Klaus & Heinz-Dieter Schmalt (2000): Motivation. Stuttgart.

Schröder, Martin (2013): Integrating Varieties of Capitalism and Welfare State Research. A Unified Typology of Capitalism. New York.

Schubert, Ernst (1995): Fahrendes Volk im Mittelalter. Weimar & Stuttgart.

Schubert, Ernst: Mobilität ohne Chance. Die Ausgrenzung des fahrenden Volkes: In: Winfried Schulze (Hrsg.): Ständische Gesellschaft und soziale Mobilität. München, S. 113–164.

Schwarz, Jörg (2008): Stadtluft macht frei. Leben in der mittelalterlichen Stadt. Darmstadt.

Schwedes, Oliver & Detlef Pech (2023): Mobilitätsbildung. socialnet Lexikon. Bonn: socialnet, 25.06.2023. https://www.socialnet.de/lexikon/29425 (26.10.2023)

Schwedes, Oliver (2022): Urban Mobility in a Global Perspective. An international comparison of the possibilities and limits of integrated transport policy and planning. Münster.

Schwedes, Oliver (2021a): Öffentliche Mobilität. Voraussetzungen für eine menschengerechte Verkehrsplanung. Wiesbaden. https://doi.org/10.1007/978-3-658-32106-2

Schwedes, Oliver (2021b): Verkehr im Kapitalismus. Bielefeld.

Schwedes, Oliver (2021c): „Objekt der Begierde". Das Elektroauto im politischen Kräftefeld. In: Oliver Schwedes & Markus Keichel (Hrsg.): Das Elektroauto. Mobilität im Umbruch. Zweite Auflage. Wiesbaden.

Schwedes, Oliver (2020): Grundlagen der Verkehrspolitik und die Verkehrswende. In: Jörg Radtke & Weert Canzler (Hrsg.): Energiewende. Eine sozialwissenschaftliche Einführung. Wiesbaden, S. 193–220.

Schwedes, Oliver & Markus Keichel (Hrsg.) (2021): Das Elektroauto. Mobilität im Umbruch. Zweite Auflage. Wiesbaden.

Schwedes, Oliver & Alexander Rammert (2020): Was ist Integrierte Verkehrsplanung? Hintergründe und Perspektiven einer am Menschen orientierten Planung. IVP-Discussion Paper, Heft 2/2020. Berlin. https://www.tu.berlin/ivp/forschung/discussionpaper/dp-15-was-ist-integrierte-verkehrsplanung (26.10.2023).

Schwedes, Oliver, Alexander Rammert, Stephan Daubitz, Maximilian Hoor (2023): Mobilität und Verkehr. Grundlegende Begriffe der Verkehrsplanung im Spannungsfeld zwischen Politik und Gesellschaft. Münster.

Scott, James C. (2019): Die Mühlen der Zivilisation. Frankfurt/Main.

Segal, Robert A. (2007): Mythos. Eine kleine Einführung. Stuttgart.

Sieferle, Rolf Peter (Hrsg.) (2008): Transportgeschichte. Münster.

Sieferle, Rolf Peter (1997): Rückblick auf die Natur. Eine Geschichte des Menschen und seiner Umwelt. München.

Simanowski, Roberto (1998): Die Verwaltung des Abenteuers. Massenkultur um 1800 am Beispiel Christian August Vulpius. Göttingen.

Sinus-Institut (2023): Sinus-Milieus 2021. Der Goldstandard der Zielgruppensegmentation. https://www.sinus-institut.de/sinus-milieus (26.10.2023).

Smith, David J. & Shelagh Armstrong (2002): Wenn die Welt ein Dorf wäre: Ein Buch über die Völker der Erde. Wien.

Solnit, Rebecca (2019): Wanderlust. Eine Geschichte des Gehens. München.

Spehr, Reinhard (2018): Die Veränderung des Fernstraßennetzes im Osten des staufischen Reiches durch die Gründung von Dresden und den Bau der steinernen Elbbrücke. In: Kurt Andermann & Nina Gallion (Hrsg.): Weg und Steg. Aspekte des Verkehrswesens von der Spätantike bis zum Ende des Alten Reiches. Ostfildern, S. 75–103.

Spitta, Philipp (2020): Praxisbuch Mobilitätsbildung: Unterrichtsideen zu Mobilität, Verkehr und Bildung für nachhaltige Entwicklung für die Klassen 1–6. Baltmannsweiler.

Stephan, Heinrich von (1966): Das Verkehrsleben im Altertum und im Mittelalter. Goslar.

Strohmeier, Gerhard (2008): Raum in der Neuzeit. In: Peter Dinzelbacher (Hrsg.): Europäische Mentalitätsgeschichte. Stuttgart, S. 615–631.

Tamfu, Arison & Tristen Taylor (2023): Europas Gier nach Gummi. In: Süddeutsche Zeitung, Nr. 155, 08./09. Juli 2023, S. 32/33.

Tesson, Sylvain (2019): Kurzer Bericht von der Unermesslichkeit der Welt. München.

Thelen, Kathleen (2014): Varieties of Liberalization and the New Politics of Social Solidarity. Cambridge.

Ther, Philipp (2019): Das andere Ende der Geschichte: Über die Große Transformation. Frankfurt/Main.

Tooze, Adam (2019): Crashed. How a Decade of Financial Crisis Changed the World. London.

Traeger, Jörg (2005): Metamorphose des Reisens. In: Karl-Siegbert Rehberg/ Walter Schmitz/ Peter Strohschneider (Hrsg.): Mobilität – Raum – Kultur: Erfahrungswandel vom Mittelalter bis zur Gegenwart. Dresden.

T&E – Transport and Environment (2023): Endliche fossile Fahrzeugkilometer. https://www. transportenvironment.org/wp-ontent/uploads/2023/09/2023_09_Briefing_Endliche-fossile-Fahrzeugkilometer.pdf (26.10.2023).

UBA – Umweltbundesamt (2023): Flüssiger Verkehr für Klimaschutz und Luftreinhaltung. Dessau-Roßlau. https://www.umweltbundesamt.de/sites/default/files/medien/479/publikationen/texte_14-2023_fluessiger_verkehr_fuer_klimaschutz_und_luftreinhaltung.pdf (26.10.2023).

UBA – Umweltbundesamt (2023): Umweltbewusstsein in Deutschland 2022. Ergebnisse einer repräsentativen Bevölkerungsumfrage. Dessau-Roßlau. https://www.umweltbundesamt.de/sites/default/files/medien/6232/publikationen/umweltbewusstsein_2022_bf.pdf (26.10.2023).

UBA – Umweltbundesamt (2021): Kompakte, umweltverträgliche Siedlungsstrukturen im regionalen Kontext. Texte 176/2021. Dessau-Roßlau. 2021_kompakte_ umweltvertraegliche_siedlungsstrukturen_im_regionalen_kontext_abschlussbericht (26.10.2023).

UBA – Umweltbundesamt (2021): Umweltschädliche Subventionen in Deutschland. Texte 143/2021. Dessau-Roßlau. https://www.umweltbundesamt.de/sites/default/files/medien/479/publikationen/texte_143-2021_umweltschaedliche_subventionen.pdf (26.10.2023).

UN – United Nations (2022): World Population Prospects 2022. Summary of Results. New York. https://www.un.org/development/desa/pd/sites/www.un.org. development.desa.pd/ files/wpp2022_summary_of_results.pdf (26.10.2023).

UN – United Nations (2019): Global Environment Outlook. Healthy Planet, Healthy People. Cambridge. https://wedocs.unep.org/bitstream/handle/20.500.11822/27539/GEO6_2019.pdf?sequence=1isAllowed=y (26.10.2023).

UN – United Nations (2019b): World Urbanization Prospects 2018. Highlights. New York. https://population.un.org/wup/Publications/Files/WUP2018-Highlights.pdf (26.10.2023).

UPI – Umwelt- und Prognose-Institut (1995/2018): Folgen einer globalen Motorisierung. UPI-Bericht Nr. 35. Heidelberg. https://www.upi-institut.de/upi35.htm (26.10.2023).

Urry, John (2000): Sociology Beyond Societies. Mobilities for the Twenty-first Century. London & New York.

Urry, John (2007): Mobilities. Cambridge & Malden.

Voigt, Rüdiger (2019): Ausnahmezustand: Carl Schmitts Lehre von der kommissarischen Diktatur. Baden-Baden.

Wang, Wilfried (2020): Die suburbane Wirklichkeit. In: Marlowes, 24.11.2020. https://www.marlowes.de/die-suburbane-wirklichkeit/ (26.10.2023).

Wagstyl, Stefan (2021): Climate change is becoming less a battle of nations than rich vs poor, Financial Times, 21.05.2021.

Weart, Spencer R. (2008): The Discovery of Global Warming. Cambridge, Massachusetts & London, England.

Welzer Harald (2011): Mentale Infrastrukturen: Wie das Wachstum in die Welt und in die Seelen kam. Schriftenreihe Ökologie der Heinrich-Böll-Stiftung, Band 14. Berlin.

Werner, Katrin (2015): Eisenbahn in den USA. Warum die Amtrak-Züge so marode sind. In: Süddeutsche Zeitung, 15.05.2015.

Wickram, Jörg (1555/ 2018): Rollwagenbüchlein. Schwanksammlung. Berlin.

WMO – World Meteorological Organization (2023): State of Global Water Resources report 2022. Genf. https://library.wmo.int/idurl/4/68473 (26.10.2023).

WMO – World Meteorological Organization (2021): New climate predictions increase likelihood of temporarily reaching 1.5 °C in next 5 years. https://www.public.wmo.int/en/media/press-release/new-climate-predictions-increase-likelihood-of-temporarily-reaching-15-C2B0c-next-5 (26.10.2023).

WWF – World Wildlife Fund (2023): Extracted Forests. Unearthing the Role of Mining-Related Deforestation as a Driver of Global Deforestation. Berlin. https://www.worldwildlife.org/threats/deforestation-and-forest-degradation. (26.10.2023)

Xu, Chi, Timothy A. Kohler, Timothy M. Lenton, Jens-Christian Svenning, Marten Scheffer (2020): Future of the human climate niche. In: Proceedings of the National Academy of Sciences (PNAS) 117, Nr. 21, S. 11350–11355.

Zavestoski, Stephen (2014): Incomplete Streets: Processes, practices, and possibilities. New York.

Ziegler, Dieter (1996): Eisenbahnen und Staat im Zeitalter der Industrialisierung. Die Eisenbahnpolitik der deutschen Staaten im Vergleich. Stuttgart.

Zipper, David (2023): Why Norway — the poster child for electric cars — is having second thoughts. In: Vox Media, 31.10.2023. https://www.vox.com/future-perfect/23939076/norway-electric-vehicle-cars-evs-tesla-oslo (26.10.2023).

Zukunftsnetz Mobilität NRW (2023): Weniger PKW, mehr Umsatz. Der Einzelhandel profitiert von einer neuen Gestaltung des öffentlichen Raums. https://www.zukunftsnetz-mobilitaet.nrw.de/media/2023/9/11/d9316724b47f23f8e7b-d53a4af24b636/Kurzgesagt-Einzelhandel.pdf (26.10.2023).

MIX
Papier aus verantwortungsvollen Quellen
Paper from responsible sources
FSC® C105338

If you have any concerns about our products,
you can contact us on
ProductSafety@springernature.com

In case Publisher is established outside the EU,
the EU authorized representative is:
**Springer Nature Customer Service Center GmbH
Europaplatz 3, 69115 Heidelberg, Germany**

Printed by Libri Plureos GmbH
in Hamburg, Germany